남부지방
야생·희귀
멸종위기식물

남부지방
야생·희귀 멸종위기식물

초판인쇄 | 2015년 12월 10일
초판발행 | 2015년 12월 21일

지 은 이 | 오찬진, 유한춘, 위안진, 박화식
펴 낸 이 | 고명흠
펴 낸 곳 | 푸른행복

출판등록 | 2010년 1월 22일 제312-2010-000007호
주   소 | 경기도 고양시 덕양구 통일로 140(동산동)
          삼송테크노밸리 B동 329호
전   화 | (02)3216-8401 / FAX (02)3216-8404
E-MAIL | munyei21@hanmail.net
홈페이지 | www.munyei.com

ISBN 979-11-5637-035-2(13480)

* 이 책의 내용을 저작권자의 허락없이 복제, 복사, 인용, 무단전재하는 행위는 법으로 금지되어 있습니다.
* 잘못된 책은 바꾸어 드리겠습니다.
* 이 도서의 국립중앙도서관 출판예정도서목록(CIP)은 서지정보유통지원시스템 홈페이지 (http://seoji.nl.go.kr)와 국가자료공동목록시스템(http://www.nl.go.kr/kolisnet) 에서 이용하실 수 있습니다.(CIP제어번호: CIP2015033630)

남부지방
야생·희귀 멸종위기식물

오찬진, 유한춘, 위안진, 박화식
공저

푸른행복

일러두기

- 세계자연보전연맹 평가 기준에 의한 남부 지역의 희귀식물은 261종으로 이중 100종을 선발 구분하여 특성을 수록하였습니다.
- 학명과 국명은 국가생물종지식정보시스템과 국가표준식물 목록을 기준으로 하였습니다.
- 본문 배열은 식물분류체계의 기존 일반 도감 순서대로 과(科), 속(屬)별로 묶어서 개체의 특성을 비교할 수 있도록 하였습니다.
- 본문 중에 자생지 분포는 기존 연구문헌에 준하였으나 일부는 저자들의 현장 조사를 토대로 작성하였습니다.
- 사진은 식물의 자생지, 형태, 꽃, 열매 등을 중심으로 배열하여 희귀식물의 특징을 제대로 관찰할 수 있도록 하였습니다.
- 본문 중에 식물 형태와 개화기, 결실기는 기존 도감에 준하였으나 일부는 저자가 현장 답사를 토대로 작성하였습니다.
- 식물의 용어는 가장 널리 통용되는 일반적인 용어를 사용하였습니다.

preface

　최근 지구 온난화와 무분별한 개발 등 서식 환경의 변화, 남획 등으로 인해 식물종과 서식처가 급격히 감소하고 있습니다. 이로 인해 예전에는 흔했던 식물종들이 이제는 희귀종으로 변하는 경우가 점점 늘고 있습니다.

　생물다양성 보전과 자원 확보 경쟁, 생물주권 강화 등 산림에 대한 관심과 역할이 강조되면서 토종자원의 중요성이 더욱 대두되고 있지만, 현재 남부지방에 분포하는 식물 중에 자생지 확인조차 불분명한 종이 많아 체계적인 분포 조사와 함께 지속적인 자료 수집 등을 통한 다양한 학술적 연구가 필요한 실정입니다.

　이번에 발간된 『남부지방 야생·희귀, 멸종위기식물』에는 지난 3년 동안 산림자원 조사를 통해 얻은 남부지방 희귀식물 100종에 대한 분포 현황, 종별 분류 및 생태적 특성과 함께 서식지 내·외 보전에 대한 조사 결과를 수록했습니다.

　희귀 멸종위기식물 선발 기준은 세계자원보전연맹 평가 기준에 의해 선발하였으며, 식물의 분포 지역과 특성은 국가생물종지식정보시스템과 국가표준식물 목록 등 기존 문헌과 저자들의 현지 확인 결과를 가지고 분포도와 생육환경을 기록했습니다.

　희귀식물이 우리가 가지고 있는 고유한 자원이라는 점을 고려할 때 이 자료집이 남부지방의 야생 희귀식물을 체계적으로 보전하고 자원화시켜 나가는 데 소중한 자료가 되리라 생각합니다.

　끝으로, 책자가 나오기까지 어려운 여건에서도 열정을 가지고 조사에 참여하신 연구원 여러분과 편집진 여러분께 진심으로 감사드립니다. 이러한 노력들이 향후 남부지역에서 사라져 가는 희귀식물을 지키는 밑거름이 되기를 기대해 봅니다.

2015년 12월

저자 일동

차례

- 일러두기 4
- 책을 펴내며 5

고사리삼과
01 나도고사리삼 10

공작고사리과
02 물고사리 12

고란초과
03 세뿔석위 14
04 고란초 16
05 창일엽 18

소나무과
06 구상나무 20
07 가문비나무 23

참나무과
08 개가시나무 25

느릅나무과
09 검팽나무 27

목련과
10 초령목 30

붓순나무과
11 붓순나무 32

녹나무과
12 녹나무 35
13 털조장나무 37

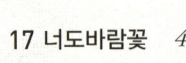

미나리아재비과
14 세뿔투구꽃 40
15 남바람꽃 43
16 변산바람꽃 45

17 너도바람꽃 48
18 만주바람꽃 50

매자나무과
19 깽깽이풀 52

수련과
20 개연꽃 54
21 가시연꽃 56

홀아비꽃대과
22 옥녀꽃대 59

쥐방울덩굴과
23 개족도리풀 61

작약과
24 백작약 63

끈끈이주걱과
25 끈끈이귀개 66
26 끈끈이주걱 69

양귀비과
27 매미꽃 72

조록나무과
28 히어리 74

돌나물과
29 낙지다리 77

범의귀과
30 나도승마 79

장미과
31 거지딸기　*81*
32 솜양지꽃　*84*

콩과
33 왕자귀나무　*86*
34 애기등　*88*

대극과
35 조도만두나무　*91*

옻나무과
36 덩굴옻나무　*94*

무환자나무과
37 모감주나무　*96*

봉선화과
38 거제물봉선　*99*

감탕나무과
39 호랑가시나무　*102*

노박덩굴과
40 섬회나무　*105*

아욱과
41 황근　*107*

팥꽃나무과
42 백서향　*109*
43 거문도닥나무　*112*
44 산닥나무　*114*

제비꽃과
45 태백제비꽃　*116*

박과
46 새박　*118*

두릅나무과
47 지리산오갈피　*120*

산형과
48 백운기름나물　*122*

노루발과
49 수정난풀　*124*

진달래과
50 흰참꽃나무　*126*

자금우과
51 백량금　*129*

앵초과
52 홍도까치수염　*132*

물푸레나무과
53 이팝나무　*134*
54 박달목서　*136*
55 꽃개회나무　*138*

협죽도과
56 정향풀　*140*

꿀풀과
57 광릉골무꽃　*142*

현삼과
58 토현삼　*144*

열당과
59 야고　*146*
60 백양더부살이　*148*

통발과
61 땅귀개　*150*
62 이삭귀개　*152*
63 통발　*154*

국화과
64 버들금불초 *156*
65 홍도서덜취 *158*

택사과
66 벗풀 *161*

자라풀과
67 물질경이 *163*
68 자라풀 *165*

백합과
69 흑산도비비추 *167*
70 땅나리 *170*
71 날개하늘나리 *173*
72 층층둥굴레 *175*
73 뻐꾹나리 *177*

수선화과
74 진노랑상사화 *180*
75 백양꽃 *182*

붓꽃과
76 노랑붓꽃 *184*
77 금붓꽃 *186*
78 꽃창포 *188*
79 범부채 *190*

닭의장풀과
80 나도생강 *192*

천남성과
81 두루미천남성 *194*
82 창포 *196*

흑삼릉과
83 흑삼릉 *198*

난초과
84 광릉요강꽃 *200*
85 복주머니란 *203*
86 으름난초 *205*
87 큰방울새란 *207*
88 천마 *209*
89 사철란 *212*
90 자란 *214*
91 새우난초 *216*
92 금새우난초 *218*
93 약난초 *221*
94 석곡 *223*
95 콩짜개란 *226*
96 혹난초 *228*
97 대흥란 *230*
98 지네발란 *232*
99 풍란 *234*
100 나도풍란 *236*

▣ 부록
　한국의 희귀식물 *240*
　남부 지역의 희귀, 특산식물 *263*
　국명으로 찾아보기 *275*
　학명으로 찾아보기 *277*
▣ 참고문헌 *279*

남 부 지 방
야 생 · 희 귀
멸 종 위 기 식 물
1 0 0

01 나도고사리삼

고사리삼과

- 학명 : *Ophioglossum vulgatum* L.
- 초본 : 다년초/양치식물
- 구분 : 희귀(위기종, EN)
- 분포 : 전남 완도, 진도, 신안

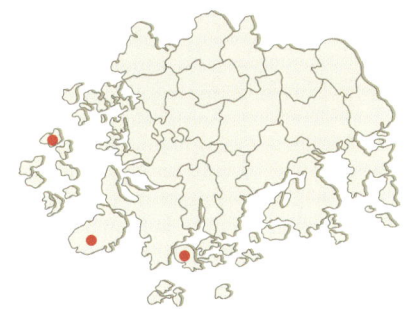

▲ 나도고사리삼_ 자생지

형태·생장특성 여러해살이 양치식물로 **뿌리줄기**는 짧고 곧으며 육질의 굵은 뿌리를 낸다. **잎**은 그 위에서 매년 1개씩 나며 길이 15~30㎝ 정도로 자라고 털이 없다. 영양엽은 난형 또는 신장형이고 끝이 둔하며 그물맥이 있고 가장자리는 밋밋하거나 물결 모양이며 잎자루 없이 밑이 좁아져 포자엽자루를 반쯤 감싼다. **포자낭이삭**은 선형으로 길이 2~4㎝이며 6월에 옅은 황색으로 익는다. 포자낭은 옆으로 터져 흰색의 포자가 나오고, 포자 표면에는 그물맥이 발달해 생긴 사마귀 모양의 돌기가 있다.

자생지 환경 남부 지방의 습기가 있는 양지바른 풀밭이나 산지의 숲 가장자리에서 자란다.

▲ 나도고사리삼_ 지상부(ⓒ임경숙)

▲ 나도고사리삼_ 어린잎

▲ 나도고사리삼_ 잎 생김새

02 물고사리
공작고사리과

- 학명 : *Celatopteris thalictroides* (L.)Brongn.
- 초본 : 일년초/양치식물 · 수생식물
- 구분 : 희귀(위기종, EN)
- 분포 : 전남 순천, 광양, 구례, 강진, 광주광역시

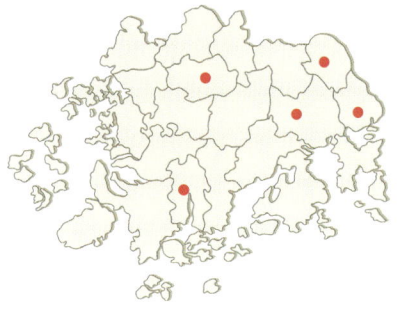

▲ 물고사리_ 자생지

형태·생장특성

한해살이 양치식물로 수초이다. **뿌리줄기**가 비스듬히 자라고, 잎자루 밑부분에 갈색의 비늘조각이 있다. **잎**은 영양엽과 포자엽으로 구별된다. 영양엽은 난상 삼각형으로 1~3회 갈라지며, 잎 표면이나 잎이 갈라지는 곳에 무성아가 생겨 새로운 개체로 발달한다. 포자엽은 1~3회 깃 모양으로 갈라지고, 갈라진 조각은 선형이다. 잎자루가 없고 가장자리가 뒤로 말린 곳에 포자낭이 달린다. 포자낭은 8~10월에 익는다.

자생지 환경

유속이 매우 느리거나 정체된 지역의 습지에 서식하며, 양지바른 논이나 도랑, 웅덩이에 자란다.

▲ 물고사리_ 지상부

▲ 물고사리_ 잎 생김새

▲ 물고사리_ 무리(ⓒ신강하)

| 고란초과 |

03 세뿔석위

- 학명 : *Pyrrosia hastata* (Thunb. ex Houtt.)Ching
- 초본 : 다년초/양치식물
- 구분 : 희귀(취약종, VU)
- 분포 : 전남 여수, 화순, 장흥, 완도

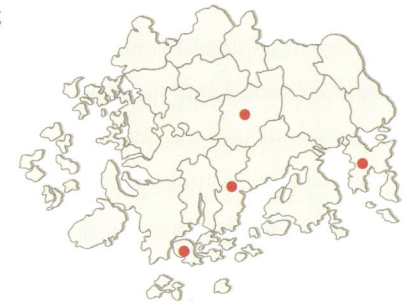

▲ 세뿔석위_ 자생지

형태 생장특성

상록성 여러해살이 양치식물이다. 잎은 길이 7~10㎝, 너비 2~3㎝이며 두껍고, 표면은 녹색, 뒷면에는 붉은빛이 도는 갈색 털이 빽빽이 나 있다. 토양이 마르거나 주변습도가 높지 않으면 가장자리가 뒤로 말린다. 잎몸은 쌍날 칼을 꽂은 창과 비슷한 모양으로 3~5개로 갈라진다. 뿌리줄기는 옆으로 뻗고 지름 4㎜ 내외이며 흑갈색 비늘조각으로 덮인다. 비늘조각은 피침형 또는 달걀 모양 피침형이다. 포자는 잎 뒤 모든 부분에 붙는다.

자생지 환경

기후가 온화한 남쪽 지역에 분포하며, 반그늘 혹은 볕이 약간 드는 공중습도가 높은 바위 위나 나무 줄기에 붙어서 산다.

▲ 세뿔석위_ 지상부

▲ 세뿔석위_ 포자낭군

▲ 세뿔석위_ 줄기, 잎 생김새

04 고란초
고란초과

- 학명 : *Crypsinus hastatus* (Thunb.) Copel.
- 초본 : 다년초/양치식물
- 구분 : 희귀(약관심종, LC)
- 분포 : 전남 완도

▲ 고란초_ 자생지

형태·생장특성 상록성 여러해살이 착생 양치식물이다. **뿌리줄기**는 길게 뻗으며 여러 개가 모여나고 비늘조각으로 덮여 있다. 비늘조각은 선상 피침형으로 갈색이며 가장자리에 불규칙한 톱니가 있다. **잎**은 단엽이며 긴 타원상 피침형으로 끝이 뾰족한 것이 대부분이며, 잘 자란 잎몸은 2~3개로 갈라지기도 한다. 잎 표면은 녹색이고, 뒷면은 약간 흰빛이 돌며 잎 가장자리는 두꺼워져 검은빛의 물결 모양이다. **포자낭군**은 지름 2~3㎜로 둥근 모양이고 중앙맥 양쪽 잎맥 사이에 2줄로 배열하며 황색으로 익는다.

자생지 환경 충청남도 부여읍에 있는 고란(皐蘭)사 뒤의 절벽에서 자라고 있어 붙여진 이름으로, 강가 절벽이나 바닷가 숲 속에서 자란다.

▲ 고란초_ 지상부

▲ 고란초_ 잎 생김새

▲ 고란초_ 포자낭군

05 창일엽

고란초과

- 학명 : *Microsorum superficiale* (Blume) Ching
- 초본 : 다년초/양치식물
- 구분 : 희귀(자료부족종, DD)
- 분포 : 전남 신안

▲ 창일엽_ 지상부

형태·생장특성

여러해살이 양치식물로 나무줄기에 붙어 자란다. **뿌리줄기**는 길게 옆으로 뻗고 비늘조각이 있다. 비늘조각은 피침형이며 그물모양의 무늬가 있고 가장자리에 돌기가 있다. **잎**은 단엽으로 길이 10~30㎝, 너비 3㎝ 정도로 피침형이며, 잎 가장자리는 밋밋하거나 약간 물결 모양으로 복잡한 망상맥이 있다. 잎자루는 길이 3~10㎝ 정도나 없는 경우도 있으며 뿌리줄기에 드물게 붙는다. **포자낭군**은 포막이 없이 원형으로 불규칙하게 넓게 퍼져 붙는다.

자생지 환경

남·서해안 도서 지역 숲 속이나 나무줄기에 착생하여 생육한다. 해풍과 공중습도가 풍부하고 햇볕이 잘 드는 곳에서 잘 자란다.

▲ 창일엽_ 잎 생김새

▲ 창일엽_ 줄기

▲ 창일엽_ 꽃

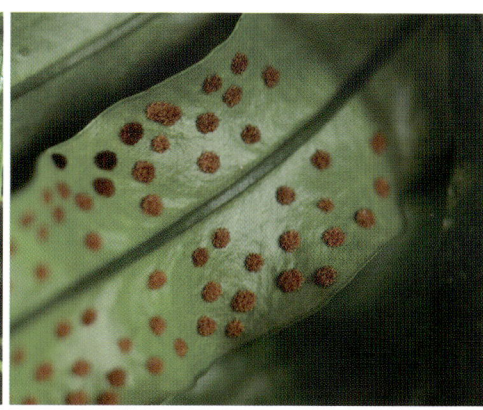
▲ 창일엽_ 포자낭군

06 구상나무

소나무과

- **학명** : *Abies koreana* E.H.Wilson
- **목본** : 교목
- **구분** : 특산, 희귀(약관심종, LC)
- **분포** : 전남 지리산
- **개화 · 결실**

1	2	3	4	5	6	7	8	9	10	11	12
					✿				🍎		

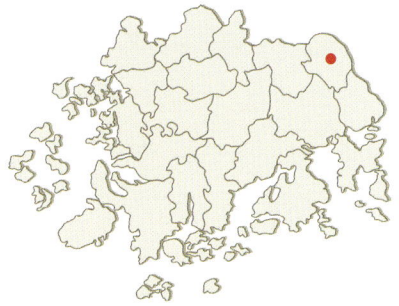

▲ 구상나무_ 자생지

형태·생장특성

상록침엽교목으로 높이 18m에 달하고, 나무껍질은 회갈색으로 노목이 되면 거칠어진다. 1년생 가지는 황색이다. **잎**은 줄기나 가지에 바퀴 모양으로 돌려나며 잎 끝이 2갈래로 갈라지고 선상 피침형으로 겉은 짙은 녹색, 뒷면은 흰색이다. **꽃**은 암수한그루로 5~6월에 노란색, 분홍색, 빨간색 등 다양한 색으로 핀다. 암꽃이삭은 보통 자주색으로 가지 끝에 달리는데, 자라서 타원형의 솔방울이 된다. **열매**는 구과로 원통형이고 녹색이나 자주색을 띤 갈색이며 10월에 익는다.

자생지환경

남부 지방 해발 1,000m 이상의 산지에서 분포하며, 햇볕을 좋아하고 공중습도가 높고 비옥한 곳에서 자란다.

▲ 구상나무_ 수형

▲ 구상나무_ 암꽃

▲ 구상나무_ 수꽃

▲ 구상나무_ 잎 생김새

▲ 구상나무_ 열매

07 가문비나무
| 소나무과 |

- 학명 : *Picea jezoensis* (Siebold & Zucc.) Carrière
- 목본 : 교목
- 구분 : 희귀(취약종, VU)
- 분포 : 전남 지리산
- 개화 · 결실

1	2	3	4	5	6	7	8	9	10	11	12
					🌸			🍊			

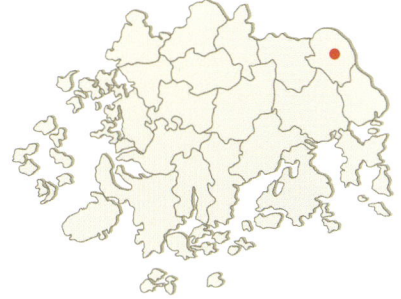

▲ 가문비나무_ 자생지

형태 생장특성
상록침엽교목으로 높이 40m 이상이고, 수형은 원뿔 모양으로 자란다. 나무껍질은 회갈색으로 비늘처럼 벗겨진다. 1년생 가지는 털이 없고 누른빛이다. 잎은 선형으로 곧거나 구부러지고 가지 둘레에서 아래로 자라며 끝이 뾰족하다. 잎 뒷면에 흰색 기공조선이 발달한다. 꽃은 암수한그루로 5~6월에 황갈색으로 피는데, 수꽃은 원통 모양으로 황갈색이고, 암꽃은 타원형이며 연한 자줏빛을 띤다. 열매는 구과로 원통형이며 9~10월에 황록색으로 익는다.

자생지 환경
지리산 노고단에서 반야봉 사이의 고지대 산록에 분포하며, 공중 습도가 높고 토양이 비옥하며 한랭한 지역에서 주목, 전나무, 잣나무, 구상나무와 혼생한다.

▲ 가문비나무_ 꽃

▲ 가문비나무_ 수형

▲ 가문비나무_ 열매

08 개가시나무

|참나무과|

- 학명 : *Quercus gilva* Blume
- 목본 : 교목
- 구분 : 희귀(야생멸종식물, EN)
- 분포 : 전남 고흥
- 개화 · 결실

1	2	3	4	5	6	7	8	9	10	11	12
			✿						🍎		

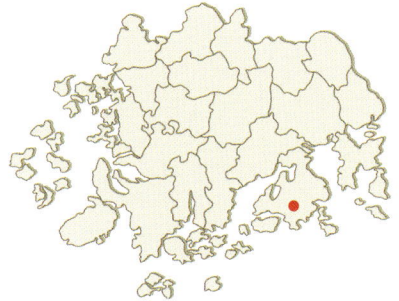

▲ 개가시나무_ 자생지

형태·생장특성 상록활엽교목으로 높이 20m에 달하고, 나무껍질은 암갈색이며 조각으로 벗겨진다. 어린가지는 황갈색 털로 덮여 있다. 잎은 어긋나며 거꾸로 된 피침형으로 끝이 뾰족하고 가장자리에 날카로운 톱니가 있다. 잎 표면은 털이 없고 뒷면은 황갈색의 별 모양 털이 빽빽이 나며 가죽질이다. 잎자루는 길이 1㎝ 정도로 털이 있다. 꽃은 암수한그루로 4~5월에 피는데, 수꽃은 새 가지 밑으로 늘어져 달리고, 암꽃은 가지 위쪽 잎겨드랑이에 2~3개가 곧게 달린다. 열매는 견과로 난상 타원형이며 10~11월에 익는다.

자생지 환경 지형이 비교적 평탄하고 공중습도가 높고 그늘진 곳에 분포한다. 상록활엽교목류와 공존하며 비옥하고 배수가 잘되는 토양에서 잘 자란다.

▲ 개가시나무_ 잎 생김새

▲ 개가시나무_ 수형

▲ 개가시나무_ 열매

09 검팽나무

| 느릅나무과 |

- 학명 : *Celtis choseniana* Nakai
- 목본 : 교목
- 구분 : 희귀(약관심종, LC)
- 분포 : 전남 여수
- 개화 · 결실

1	2	3	4	5	6	7	8	9	10	11	12
				🌸					🍊		

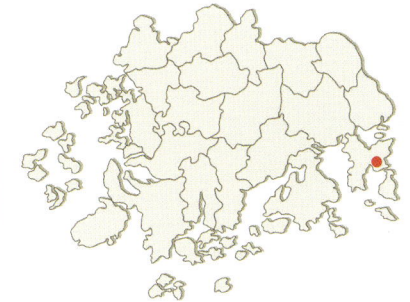

▲ 검팽나무_ 자생지

형태·생장특성

낙엽활엽교목으로 높이 25m까지 자란다. **잎**은 난형 또는 타원형으로 어긋나며 끝이 길게 뾰족하고 밑은 둥글며 길이 5~12㎝이다. 잎 양면에는 털이 없고 뒷면은 회백색이며 톱니는 안으로 굽었다. **꽃**은 암수한그루로 5월에 피고 잎겨드랑이에서 긴 자루가 나와 1~3개가 달린다. **열매**는 핵과로 둥글며 10월에 검게 익어 식용할 수 있다.

자생지 환경

남쪽 지역 해안 산지 하단부 비탈면에 분포하며, 공중습도가 높고 바람이 잘 통하는 지역에서 자란다. 개체 수가 많지 않아 비교적 보기 힘들다.

▲ 검팽나무_ 수형

▲ 검팽나무_ 겨울 수형

▲ 검팽나무_ 잎 생김새

▲ 검팽나무_ 열매

09. 검팽나무 29

[목련과]

10 초령목

- 학명 : *Michelia compressa* (Maxim.) Sarg.
- 목본 : 교목
- 구분 : 희귀(멸종위기식물, CR)
- 분포 : 전남 신안
- 개화·결실

1	2	3	4	5	6	7	8	9	10	11	12
		🌸								🍎	

▲ 초령목_ 자생지

형태 생장특성 상록활엽교목으로 높이 16m에 달하고 가지가 많으며 잎이 무성하다. 잎은 어긋나고 가죽질이며 윤기가 있고 긴 타원형 또는 거꾸로 된 피침형이다. 잎 표면은 짙은 녹색이고 가장자리는 밋밋하다. 꽃은 3~4월에 흰색으로 피고 잎겨드랑이에 1개씩 달린다. 꽃받침 조각과 꽃잎은 6개씩이고 거꾸로 된 피침형이다. 꽃턱 아래쪽에 수술, 위쪽에 줄 모양의 암술이 달린다. 열매는 길이 5~10㎝로 주머니 같은 열매 속에 들어 있는 종자는 2개씩 나와 실에 매달린다.

자생지 환경 일본 원산으로 흑산도와 제주도에서 자란다. 상록활엽수들과 공존하며, 공중습도가 높고 토양유기물이 풍부하고 햇볕이 잘 드는 곳을 좋아한다.

▲ 초령목_ 수형

▲ 초령목_ 꽃

▲ 초령목_ 열매 (ⓒ 김현철)

11 붓순나무

[붓순나무과]

- 학명 : *Illicium anisatum* L.
- 목본 : 소교목
- 구분 : 희귀(취약종, VU)
- 분포 : 전남 진도
- 개화 · 결실

1	2	3	4	5	6	7	8	9	10	11	12
		✿						🍎			

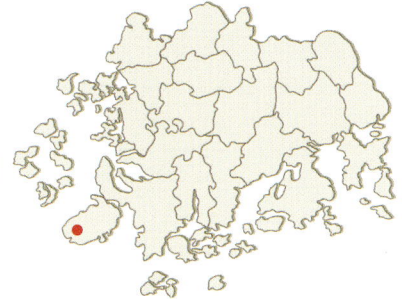

▲ 붓순나무_ 자생지

형태 생장특성

상록활엽소교목으로 높이 3~5m이고, 나무껍질은 회갈색이며 노목은 세로로 얕게 갈라진다. 1년생 가지는 녹색이고 털이 없다. **잎**은 어긋나며 두껍고 긴 타원형으로 양 끝이 급하게 뾰족해지고 가장자리가 밋밋하다. 잎은 또 짙은 녹색으로 광택이 나며 잎을 자르면 향이 나고 잎맥이 뚜렷하지 않다. **꽃**은 3~4월에 녹백색으로 피며 잎겨드랑이에 1개씩 달린다. 꽃받침 조각은 6개이고, 꽃잎은 12개, 수술은 많다. **열매**는 골돌과로 6~12개가 바람개비처럼 배열되고 9월에 익는다.

자생지 환경

음지나무로 햇볕이 강한 곳보다 약간 그늘진 곳을 좋아하며, 공중습도가 높고 토양이 비옥한 곳에서 생육한다.

▲ 붓순나무_ 수형

▲ 붓순나무_ 잎 생김새

▲ 붓순나무_ 수피

▲ 붓순나무_ 꽃

▲ 붓순나무_ 열매

12 녹나무

| 녹나무과 |

- 학명 : *Cinnamomum camphora* (L.) J. Presl
- 목본 : 교목
- 구분 : 희귀(약관심종, LC)
- 분포 : 전남 완도
- 개화 · 결실

1	2	3	4	5	6	7	8	9	10	11	12
				✿					🍊		

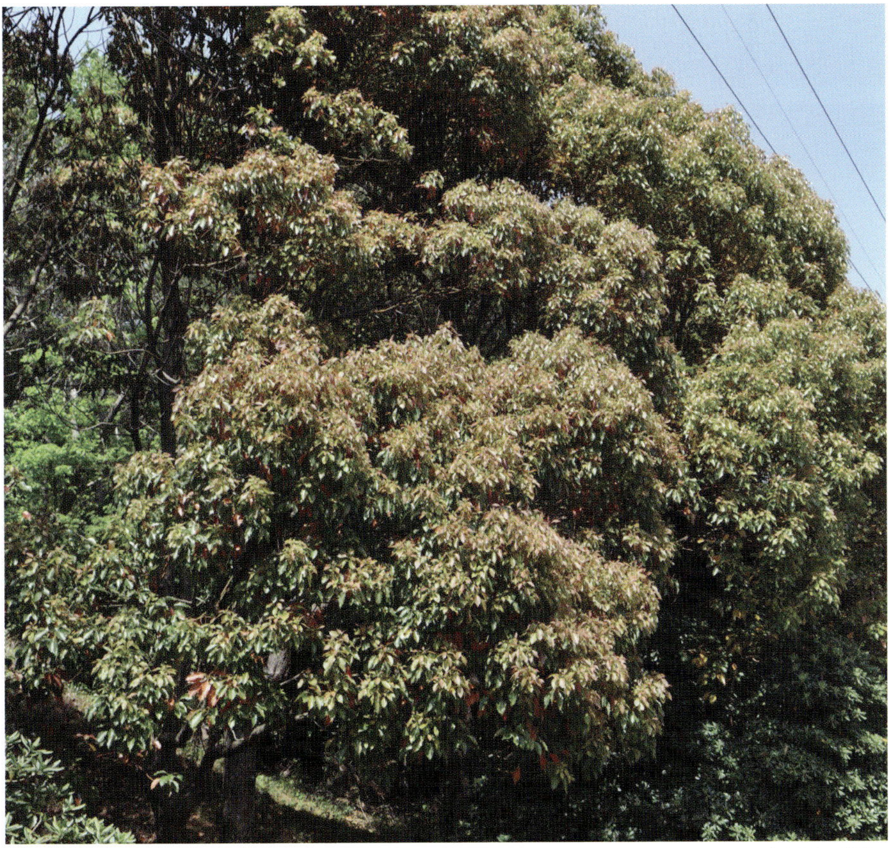

▲ 녹나무_ 수형

형태 생장특성

상록활엽교목으로 높이 20m 이상, 지름 약 2m이다. 나무껍질은 어두운 갈색이고, 새 가지는 윤이 나고 연둣빛이며 털이 없다. **잎**은 난상 타원형 또는 난형으로 어긋나며 끝은 뾰족하고 밑은 뭉툭하다. 잎 가장자리에는 물결 모양의 톱니가 있고, 잎 뒷면은 잿빛을 띤 녹색이나 어린잎은 붉은빛을 띤다. **꽃**은 양성화로 5월에 피며 흰색에서 노란색이 되고 새 가지의 잎겨드랑이에서 원추꽃차례로 달린다. 12개의 수술과 1개의 암술이 있다. **열매**는 장과로 둥글고 10~11월에 검은색으로 익는다.

자생지 환경

남부 지방의 기온이 온화하고 공기가 잘 통하는 지역에 분포하며, 토심이 깊고 비옥한 토양, 습도가 높은 곳에서 잘 자란다.

▲ 녹나무_ 잎 생김새

▲ 녹나무_ 수피

▲ 녹나무_ 꽃

▲ 녹나무_ 열매

13 털조장나무

|녹나무과|

- 학명 : *Lindera sericea* (Siebold&Zucc.) Blume
- 목본 : 관목
- 구분 : 희귀(약관심종, LC)
- 분포 : 전남 순천, 곡성, 화순, 광주광역시
- 개화 · 결실

1	2	3	4	5	6	7	8	9	10	11	12
			✿						🍊		

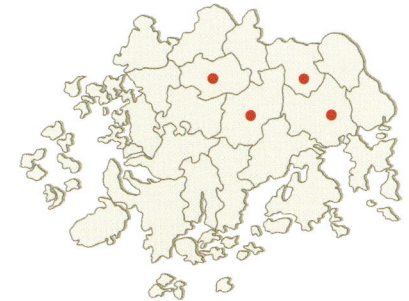

▲ 털조장나무_ 자생지

형태 생장특성

낙엽활엽관목으로 높이 3m에 달하고, 나무껍질은 연한 녹색이며 작은 가지와 겨울눈에 털이 난다. 잎은 긴 타원형 또는 난상 타원형으로 어긋나며 길이 6~15㎝, 너비 2~6㎝이다. 잎 끝은 뾰족하고 가장자리는 밋밋하고 양면에 털이 나며, 뒷면은 잎맥이 튀어나오고 길고 부드러운 털이 빽빽이 나며 잿빛을 띤 흰색이다. 꽃은 암수딴그루로 4월에 노란색으로 피고 잎겨드랑이에 산형꽃차례로 달린다. 꽃받침 조각은 6개이고, 수꽃에는 수술 9개, 퇴화한 암술이 있고, 암꽃에는 암술 1개와 몇 개의 헛수술이 있다. 열매는 핵과로 둥글고 10월에 검은색으로 익는다.

자생지 환경

조계산 및 무등산과 그 주변에 분포한다. 산 비탈의 공중습도가 높고 주변에 교목층과 관목층이 발달한 지역에서 다른 관목류들과 혼생하며, 유기물이 풍부하고 토양습도가 높으면서 배수가 잘 되는 사질양토에서 잘 자란다.

▲ 털조장나무_ 수형

▲ 털조장나무_ 잎 생김새

▲ 털조장나무_ 암꽃

▲ 털조장나무_ 수꽃

▲ 털조장나무_ 열매

13. 털조장나무 39

| 미나리아재비과 |

14 세뿔투구꽃

- 학명 : *Aconitum austrokoreense* Koidz.
- 초본 : 다년초
- 구분 : 특산, 희귀(취약종, VU)
- 분포 : 전남 순천, 구례, 고흥
- 개화 · 결실

1	2	3	4	5	6	7	8	9	10	11	12
								✿	🍎		

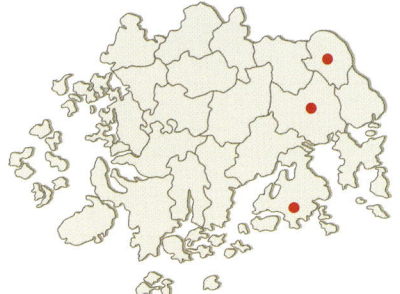

▲ 세뿔투구꽃_ 자생지

| 형태·생장특성 | 여러해살이풀로 **줄기**는 높이 60~80㎝이고 곧게 자라며, 꽃차례 이외에는 털이 없고 갈라지지 않는다. **잎**은 어긋나고 오각형 또는 삼각형이며 3~5개로 갈라지는데, 밑부분에 달린 잎은 3개로 갈라진 양쪽 열편이 다시 2개씩으로 갈라진 다음 각 열편 끝이 결각상으로 갈라지고, 중앙부의 잎은 5개로 얕게 갈라지며 각 열편은 가장자리에 치아 같은 톱니가 있다. **꽃**은 9월에 하늘색으로 피고 잎겨드랑이에 총상꽃차례로 달린다. 작은 꽃자루에는 털이 있으며, 옆의 꽃받침은 둥글고 밑의 꽃받침은 긴 타원형으로 모두 겉에 잔털이 있다. 수술은 많으며, 암술은 3~4개이다. **열매**는 골돌과로 보통 3개이며 긴 타원형이다. |

| 자생지 환경 | 우리나라 고유종으로 습기가 많고 배수가 잘되는 숲 속 산지의 비탈진 곳에서 잘 자란다. 비옥하고 자갈 섞인 토양이 생육지로 적합하다. |

▲ 세뿔투구꽃_ 지상부

▲ 세뿔투구꽃_ 잎 생김새

▲ 세뿔투구꽃_ 꽃

▲ 세뿔투구꽃_ 열매

[미나리아재비과]

15 남바람꽃

- 학명 : *Anemone flaccida* F. Schmidt
- 초본 : 다년초
- 구분 : 희귀(멸종위기식물, CR)
- 분포 : 전남 구례
- 개화·결실

1	2	3	4	5	6	7	8	9	10	11	12
			✿	🍎							

▲ 남바람꽃_ 자생지

15. 남바람꽃 43

형태·생장특성 여러해살이풀로 덩이뿌리가 발달하며, **뿌리줄기**는 둥근 기둥 모양으로 길이 1.5~2.5cm로 뻗는다. 식물체는 높이 15~20cm 정도로 자란다. **뿌리잎**은 3개로 깊게 갈라지고 갈라진 조각은 다시 가장자리가 갈라진다. **꽃**은 4~5월에 흰색 또는 연한 분홍색으로 피고 2~3송이씩 달린다. 꽃자루는 길이 2~3cm이다. 꽃받침은 5~7개이고 뒷면에 부드러운 털이 있다. **열매**는 5~6월에 드물게 맺는다.

자생지 환경 우리나라에서 관리 소홀과 무분별한 채취로 인해 자생지의 개체수가 급격히 줄어들어 멸종이 우려되는 식물로, 산지의 계곡 주변에서 자란다.

▲ 남바람꽃_ 지상부

▲ 남바람꽃_ 꽃

▲ 남바람꽃_ 덩이뿌리

미나리아재비과

16 변산바람꽃

- 학명 : *Eranthis byunsanensis* B.Y.Sun
- 초본 : 다년초
- 구분 : 희귀(약관심종, LC)
- 분포 : 전남 순천, 고흥, 함평, 영광, 광주광역시
- 개화 · 결실

1	2	3	4	5	6	7	8	9	10	11	12
		🌸	🍎								

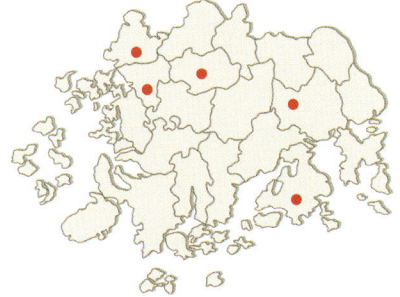

▲ 변산바람꽃_ 자생지

형태·생장특성 여러해살이풀로 **줄기**는 높이 10~30㎝이며 털이 없다. 땅속 덩이뿌리 맨 위에서 줄기와 꽃받침이 나온다. **잎**은 길이와 너비가 각각 3~5㎝ 정도이고 5갈래의 둥근 모양이며 깃 모양으로 갈라지고 선형이다. **꽃**은 3~4월에 피며, 꽃줄기는 길이 10㎝ 정도이고, 꽃자루는 길이 1㎝이며 흰색으로 꽃자루 안에는 암술과 연녹색을 띤 노란색 꽃이 있다. 꽃잎은 깔때기 모양으로 꽃받침 5장이 꽃잎을 받치고 있다. **열매**는 대과로 4~5월경 갈색으로 달리고, 씨방에는 검고 광택이 나는 종자가 많이 들어 있다.

자생지 환경 한국 희귀·특산종으로 변산반도, 마이산, 지리산, 한라산, 설악산 등지에 자생한다. 산지의 경사진 돌틈과 숲 속의 수분이 많고 바람이 잘 통하는 곳의 비옥한 토양에서 잘 자란다.

▲ 변산바람꽃_ 지상부

▲ 변산바람꽃_ 잎 생김새 · 열매

▲ 변산바람꽃_ 꽃

▲ 변산바람꽃_ 열매(성숙)

▲ 변산바람꽃_ 덩이뿌리

16. 변산바람꽃 47

17 너도바람꽃

|미나리아재비과|

- 학명 : *Eranthis stellata* Maxim.
- 초본 : 다년초
- 구분 : 희귀(약관심종, LC)
- 분포 : 전남 순천
- 개화 · 결실

1	2	3	4	5	6	7	8	9	10	11	12
		🌸			🍎						

▲ 너도바람꽃_ 자생지

형태·생장특성

여러해살이풀로 줄기는 높이 15㎝ 정도로 연약하고 곧게 선다. 덩이줄기는 둥근 모양이고 그 선단에서 잎과 꽃대가 자라며 수염뿌리가 많이 있다. 잎은 뿌리잎에 긴 잎자루가 있으며 3개로 갈라지고, 줄기 끝에 있는 총포잎은 대가 없고 갈라진 조각은 고르지 못한 줄 모양이다. 꽃은 3~4월에 흰색으로 피며, 꽃대는 길이 1㎝ 정도로 끝에 1개의 꽃이 달린다. 꽃받침 조각은 5~6개로 크며 꽃잎 같고 난형이다. 꽃잎은 2개로 갈라진 노란색 꿀샘으로 되어 있고 수술이 많다. 열매는 골돌과로 반달 모양이며 2~3개로 6월에 익는다.

자생지 환경

낙엽활엽수 숲 속 하단부 주변, 그늘진 곳의 토양이 비옥하고 습윤한 곳에서 자란다.

▲ 너도바람꽃_ 꽃

▲ 너도바람꽃_ 열매

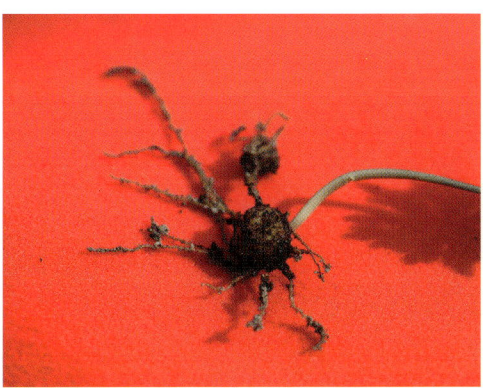

▲ 너도바람꽃_ 덩이뿌리

18 만주바람꽃

|미나리아재비과|

- 학명 : *Isopyrum manshuricum* (Kom.) Kom.
- 초본 : 다년초
- 구분 : 희귀(위기종, EN)
- 분포 : 전남 순천, 영광
- 개화 · 결실

1	2	3	4	5	6	7	8	9	10	11	12
			✿		🍎						

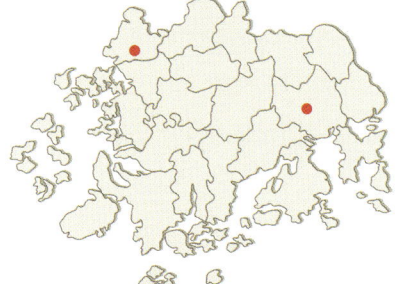

▲ 만주바람꽃_ 자생지

형태 생장특성

여러해살이풀로 보리알 같은 덩이뿌리가 달린 땅속줄기 끝에서부터 잎과 줄기가 나온다. 줄기는 높이가 20㎝에 달하고 원줄기 밑부분에 비늘 같은 조각과 흰 털이 조금 난다. 잎은 한 잎에서 3갈래로 갈라지고 다시 2~3개로 갈라지는데, 마지막 갈래 조각은 끝이 둔하고 가장자리가 밋밋하며 털이 약간 나고 뒷면이 흰빛이다. 꽃은 4~5월에 흰색이나 노란색으로 피고 긴 꽃자루가 있으며 줄기 윗부분 잎겨드랑이에 1송이씩 달린다. 꽃받침은 긴 타원형으로 5장이며, 수술은 30여 개, 암술은 2개이다. 열매는 삭과로 6~7월에 2개씩 달리고 거의 둥글다.

자생지 환경

숲 속 계곡 가장자리의 바람이 잘 통하는 부엽질이 많은 토양에서 자란다.

▲ 만주바람꽃_ 지상부

▲ 만주바람꽃_ 꽃

▲ 만주바람꽃_ 열매

매자나무과

19 깽깽이풀

- 학명 : *Jeffersonia dubia* (Maxim.) Benth. & Hook.f. ex Baker & S. Moore
- 초본 : 다년초
- 구분 : 희귀(위기종, EN)
- 분포 : 전남 여수, 구례
- 개화 · 결실

1	2	3	4	5	6	7	8	9	10	11	12
			❀				🍎				

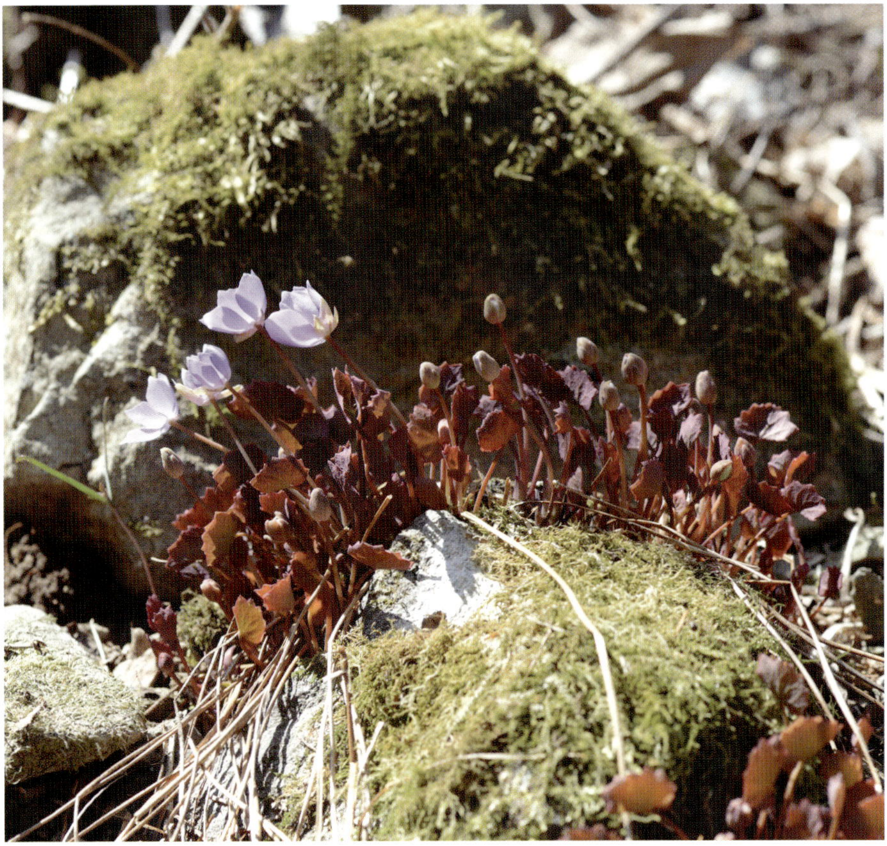

▲ 깽깽이풀_ 지상부

형태·생장특성

여러해살이풀로 높이 20~30㎝ 정도로 자란다. 원줄기는 없으며, 뿌리줄기는 짧고 옆으로 자라며 잔뿌리가 달린다. 잎은 둥근 홑잎으로 긴 잎자루 끝에 달리고 가장자리가 물결 모양이며 전체가 딱딱하고 물에 젖지 않는다. 꽃은 4~5월에 홍자색으로 피고 밑동에서 잎보다 꽃대가 먼저 나와 꽃대 끝에 1개씩 달린다. 꽃받침 조각은 4개로 피침형이며, 꽃받침잎은 피침형, 꽃잎은 도란형으로 8개의 수술과 1개의 암술이 있다. 열매는 삭과로 넓은 타원형이고 흑색이며 8월에 익는다.

자생지환경

산지의 골짜기 하단부나 산 중턱 아래의 약간 경사진 곳에 드물게 자란다. 비옥한 토양에서 잘 자라고 적윤지성이다.

▲ 깽깽이풀_ 새순

▲ 깽깽이풀_ 잎 생김새

▲ 깽깽이풀_ 꽃

▲ 깽깽이풀_ 열매

수련과

20 개연꽃

- 학명 : *Nuphar japonicum* DC.
- 초본 : 다년초/수생식물
- 구분 : 희귀(약관심종, LC)
- 분포 : 전남 화순, 무안
- 개화 · 결실

1	2	3	4	5	6	7	8	9	10	11	12
							❀		🍑		

▲ 개연꽃_ 자생지

형태 생장특성
여러해살이 수생식물로 **뿌리**는 땅속에 고정되어 있으며, **뿌리줄기**는 굵고 옆으로 뻗고 곳곳에 잎자루가 붙어 있던 자국이 있다. **잎**은 뿌리줄기 끝에서 나고 긴 잎자루가 물 위로 떠오른다. 물속의 잎은 가늘고 길며 가장자리가 물결 모양이며, 물 밖의 잎은 긴 난형으로 가장자리가 밋밋하고 표면에 털이 없다. **꽃**은 황색으로 7~9월에 긴 꽃대에 1개씩 피며, 꽃받침 조각이 5개로 꽃잎 같다. 꽃잎은 긴 사각형으로 수가 많으며, 수술은 끝이 휘어진다. **열매**는 장과로 초록색이며 10월에 물속에서 익는다.

자생지 환경
전남 서·남부 지역의 연못이나 늪에 자란다. 잎은 수면에 떠 있지 않고 물 위로 솟아올라 있으며, 햇볕이 잘 드는 온화한 기후에서 잘 자란다.

▲ 개연꽃_ 지상부

▲ 개연꽃_ 꽃

▲ 개연꽃_ 열매

21 가시연꽃

수련과

- 학명 : *Euryale ferox* Salisb.
- 초본 : 다년초/수생식물
- 구분 : 희귀(취약종, VU)
- 분포 : 전남 나주, 장흥, 영암, 광주광역시
- 개화 · 결실

1	2	3	4	5	6	7	8	9	10	11	12
						🌸			🍎		

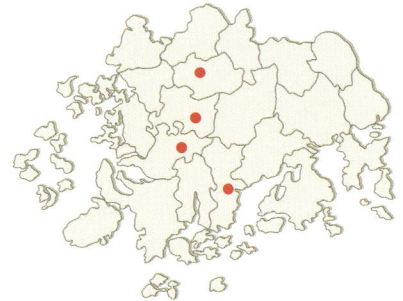

▲ 가시연꽃_ 자생지

형태 생장특성　한해살이 수생식물로 풀 전체에 가시가 있다. 잎은 종자가 발아해서 나오며 작은 화살 모양이지만, 큰 잎은 타원형~둥근 방패 모양으로 지름 20~200㎝에 이른다. 잎 표면은 주름지고 광택이 나며 잎맥이 튀어나오고 뒷면은 짙은 자주색이다. 긴 잎자루 끝에 붙어 있으며 잎자루는 물속 초기 생장에서 길이가 고정된다. 꽃은 자주색으로 7~8월에 가시 돋친 꽃자루 끝에 1개가 피며 낮에 벌어졌다 밤에 닫힌다. 꽃잎은 많고 꽃받침 조각보다 작으며, 수술도 많아 8겹으로 돌려난다. 열매는 장과로 타원형 또는 구형이고 겉에 가시가 있다.

자생지 환경　전남 남부 지역에 분포하며, 오래된 늪이나 저수지에서 자란다. 집단적으로 생육하며, 최근에 전남 지역에서 개체 수가 늘고 있다.

▲ 가시연꽃_ 지상부

▲ 가시연꽃_ 잎 생김새

▲ 가시연꽃_ 꽃

▲ 가시연꽃_ 열매

| 홀아비꽃대과 |

옥녀꽃대

- 학명 : *Chloranthus fortunei* (A.Gray) Solms
- 초본 : 다년초
- 구분 : 희귀(자료부족종, DD)
- 분포 : 전남 곡성, 고흥, 완도, 진도
- 개화·결실

1	2	3	4	5	6	7	8	9	10	11	12
			🌸			🍊					

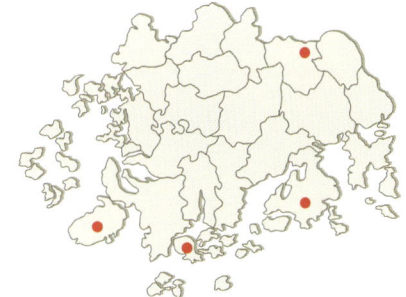

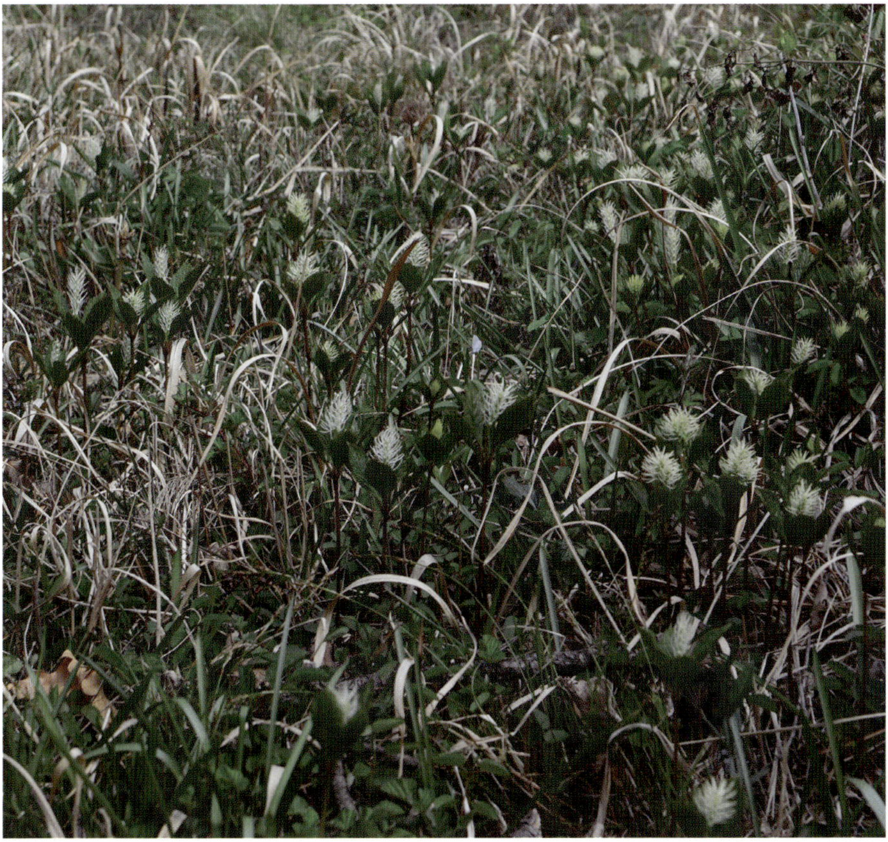

▲ 옥녀꽃대_ 자생지

형태·생장특성 여러해살이풀로 줄기는 높이 15~40㎝ 정도로 곧게 서며 가지가 갈라지지 않고 털이 없다. 잎은 줄기 끝에 4장이 뭉쳐나고 녹색이며 넓은 타원형으로 끝이 날카롭지 않으며 가장자리에 톱니가 있다. 꽃은 흰색으로 4~5월에 4장의 잎 사이에 꽃줄기가 올라와 핀다. 꽃줄기는 전체에 털이 없고 가지가 갈라지지 않는다. 열매는 삭과로 7~8월에 황록색으로 익는다.

자생지 환경 산지의 나무 밑 그늘진 곳에서 자라며, 공중습도가 높고 토양이 비옥하고 배수가 잘되는 사질양토에서 양호한 생장을 한다.

▲ 옥녀꽃대_ 꽃봉오리

▲ 옥녀꽃대_ 꽃

▲ 옥녀꽃대_ 지상부

▲ 옥녀꽃대_ 열매

23 개족도리풀

| 쥐방울덩굴과 |

- 학명 : *Asarum maculatum* Nakai
- 초본 : 다년초
- 구분 : 특산, 희귀(약관심종, LC)
- 분포 : 전남 고흥, 완도, 신안
- 개화 · 결실

1	2	3	4	5	6	7	8	9	10	11	12
				🌸	🍊						

▲ 개족도리풀_ 자생지

형태 생장특성

여러해살이풀로 **뿌리줄기**는 비스듬히 서며 흰색 뿌리가 퍼지고 마디가 많고 다육성이며 윗부분에 난형의 적갈색 비늘조각이 붙는다. **잎**은 짧은 줄기 끝에 1~2장 붙으며 털이 없고 심장형 또는 삼각상 난형이다. 잎 표면은 짙은 녹색이며 가장자리가 밋밋하고 흰 무늬가 표면 전체에 있다. 잎자루는 길이 2.5~13㎝이고, 꽃대는 잎자루보다 짧다. **꽃**은 5~6월에 흑자색으로 피며 항아리 모양이고 끝이 3개로 갈라진다. **열매**는 꽃덮개조각과 더불어 길이 3㎝ 정도이며, 종자는 반타원형이다.

자생지 환경

남쪽 지방 섬 지역의 교목 밑 하단부의 그늘지고 습윤한 곳에 분포한다. 토양습도가 높고 유기물이 풍부한 지역에서 모여 자란다.

▲ 개족도리풀_ 잎 생김새

▲ 개족도리풀_ 꽃

▲ 개족도리풀_ 열매

| 작약과 |

24 백작약

- 학명 : *Paeonia japonica* (Makino) Miyabe & Takeda
- 초본 : 다년초
- 구분 : 희귀(취약종, VU)
- 분포 : 전남 나주, 고흥, 장성, 광주광역시
- 개화 · 결실

1	2	3	4	5	6	7	8	9	10	11	12
					🌸		🍎				

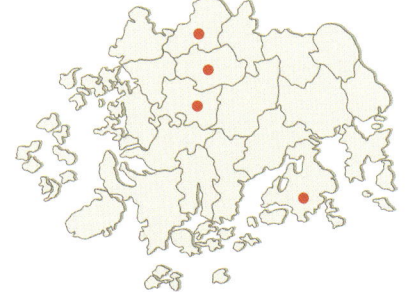

▲ 백작약_ 자생지

형태·생장특성 여러해살이풀로 줄기는 높이 40~50㎝이며 밑부분이 비늘 같은 잎으로 싸여 있다. 뿌리는 굵고 육질이다. 잎은 3~4개가 어긋나며 잎자루가 길고 3개씩 2번 갈라진다. 작은 잎은 타원형이거나 도란형이며 가장자리가 밋밋하고 털이 없으며, 앞면은 녹색이고 뒷면은 흰빛이 돈다. 꽃은 흰색으로 6월에 원줄기 끝에 한 송이씩 달린다. 꽃받침 조각은 3개이며 크기가 서로 다르고, 꽃잎은 도란형으로 5~7개이다. 열매는 골돌과로 8월에 익으며, 벌어지면 안쪽이 붉어지고 가장자리에 덜 자란 붉은 종자와 성숙한 검은 종자가 있다.

자생지 환경 깊은 숲 속의 나무 그늘, 부식질이 많은 비옥한 토양에서 잘 자란다.

▲ 백작약_ 지상부

▲ 백작약_ 새싹

▲ 백작약_ 꽃

▲ 백작약_ 꽃이 진 모습

▲ 백작약_ 열매

[끈끈이주걱과]

25 끈끈이귀개

- 학명 : *Drosera peltata* var. *nipponica* (Masam.) Ohwi
- 초본 : 다년초/식충식물
- 구분 : 희귀(위기종, EN)
- 분포 : 전남 영암, 완도, 진도
- 개화 · 결실

1	2	3	4	5	6	7	8	9	10	11	12
					🌸	🍑					

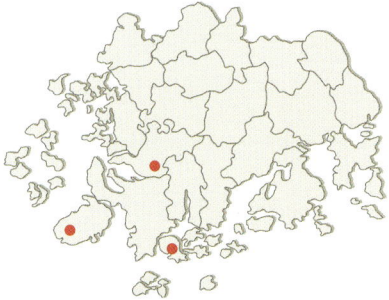

▲ 끈끈이귀개_ 자생지

형태·생장특성

여러해살이 벌레잡이풀로 둥근 덩이뿌리가 있으며, **줄기**는 높이 10~30㎝이고 윗부분에서 가지가 갈라진다. **잎**은 뿌리에서 나온 잎은 꽃이 필 때 없어지고, 줄기에서 나온 잎은 어긋나며 잎자루의 길이가 1㎝ 정도이다. 잎몸은 초승달 모양으로 앞면에 긴 선모가 있다. **꽃**은 6월에 흰색으로 피는데, 총상꽃차례를 이루며 꽃차례는 잎과 마주난다. 수술 5개, 암술 1개이고, 암술대는 3개이고 각각 4개로 갈라진다. **열매**는 삭과로 둥글고 7월에 익으며 3개로 갈라진다.

자생지 환경

바닷가 근처 햇볕이 잘드는 남향이나 남서향의 산기슭, 들의 약간 건조하며 습한 산성지의 오랫동안 수분을 보존할 수 있는 점토질이 많은 토양에서 잘 자란다.

▲ 끈끈이귀개_ 새싹

▲ 끈끈이귀개_ 꽃대

▲ 끈끈이귀개_ 지상부

▲ 끈끈이귀개_ 꽃

▲ 끈끈이귀개_ 열매

26 끈끈이주걱

|끈끈이주걱과|

- 학명 : *Drosera rotundifolia* L.
- 초본 : 다년초/식충식물
- 구분 : 희귀(취약종, VU)
- 분포 : 전남 영광, 완도, 신안
- 개화 · 결실

1	2	3	4	5	6	7	8	9	10	11	12
						🌸	🍊				

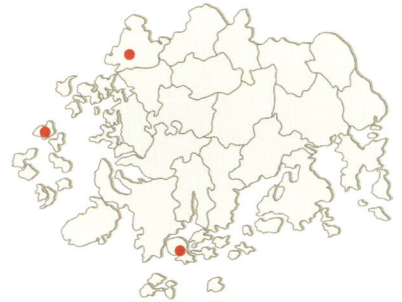

▲ 끈끈이주걱_ 자생지

형태 생장특성

여러해살이풀로 벌레잡이식물이다. 잎은 뿌리에서 뭉쳐나고 둥근 모양으로 길이와 너비가 각각 5~10㎜이며 밑부분이 갑자기 좁아져서 잎자루로 되어 주걱처럼 생겼다. 잎 표면에 붉은빛을 띤 많은 털이 나 있고 털에서 끈기 있는 액체가 분비되어 작은 벌레가 들러붙으면 서서히 소화시켜 양분으로 흡수한다. 꽃은 7월에 흰색으로 피고 총상꽃차례를 이루며 꽃줄기 끝에 10송이 정도가 한쪽으로 치우쳐서 달린다. 꽃잎은 5개로 도란형이고 길이 4~6㎜이며, 꽃받침은 5개로 깊게 갈라지고, 꽃받침 조각은 긴 타원형으로 가장자리에 선모가 있다. 열매는 삭과로 익으면 3개로 갈라지고, 양 끝에 꼬리 모양의 돌기가 있는 미세한 종자가 들어 있다.

자생지 환경

햇볕이 잘 드는 산성 습지 또는 반그늘의, 공기가 잘 통하고 항상 습기가 있어 습윤 상태를 유지하는 토양에서 잘 자란다.

▲ 끈끈이주걱_ 새싹

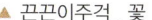
▲ 끈끈이주걱_ 지상부

▲ 끈끈이주걱_ 꽃

▲ 끈끈이주걱_ 열매

26. 끈끈이주걱

27 매미꽃

|양귀비과|

- 학명 : *Coreanomecon hylomeconoides* Nakai
- 초본 : 다년초
- 구분 : 특산, 희귀(약관심종, LC)
- 분포 : 전남 순천, 광양, 구례
- 개화 · 결실

1	2	3	4	5	6	7	8	9	10	11	12
			✿			🍑					

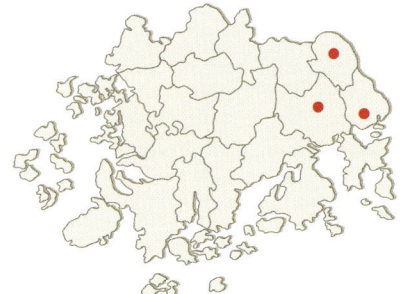

▲ 매미꽃_ 자생지

형태·생장특성

여러해살이풀로 **줄기**는 높이 20~40㎝ 정도이며, **잎**은 뿌리줄기에서 모여나고 자르면 붉은색의 유액이 나온다. 뿌리잎은 자루가 길고 3~7개의 작은 잎으로 된 깃꼴 겹잎이고, 작은 잎은 타원형이나 난형으로 가장자리에 날카로운 톱니가 있으며 털이 난다. **꽃**은 6~7월에 황색으로 피며 꽃자루 끝에 1개나 여러 개가 달린다. 꽃받침 조각은 난상 타원형으로 2개가 일찍 떨어지고, 꽃잎은 4개로 둥글며, 수술은 꽃잎보다 짧고 많다. **열매**는 삭과로 좁은 원기둥 모양이다.

자생지 환경

전남 지방 약간 깊은 산지의 계곡 낙엽수림 하부에 분포한다. 반그늘의 토양 비옥도가 높고 보습성, 배수성이 좋은 곳에서 잘 자란다.

▲ 매미꽃_ 꽃

▲ 매미꽃_ 열매

▲ 매미꽃_ 지상부

27. 매미꽃

28 히어리

[조록나무과]

- 학명 : *Corylopsis gotoana* var. *coreana* (Uyeki) T.Yamaz.
- 목본 : 관목 또는 소교목
- 구분 : 희귀(약관심종, LC)
- 분포 : 전남 순천, 광양, 곡성, 구례, 장흥
- 개화 · 결실

1	2	3	4	5	6	7	8	9	10	11	12
		🌸						🍊			

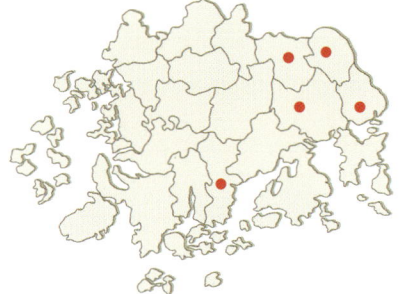

▲ 히어리_ 자생지

형태 생장특성

낙엽활엽관목 또는 소교목으로 높이 1~4m 정도 자란다. 줄기에서 1년생 가지는 황갈색 또는 암갈색으로 털이 없고 나무껍질에 껍질눈이 빽빽하고, 2년생 가지는 회갈색으로 겨울눈이 2개의 눈비늘로 싸여 있다. 잎은 어긋나며 난상 원형으로 표면은 녹색, 뒷면은 회백색이며 털이 없이 가장자리에 톱니가 있고, 가을이면 황색이 된다. 꽃은 3~4월에 연한 황록색으로 피며 8~12개가 총상꽃차례로 아래를 향해 달린다. 꽃잎은 도란형으로 5장이고, 꽃받침은 5개로 갈라지며, 수술은 5개, 암술대는 2개이다. 열매는 삭과로 9월에 익는다.

자생지 환경

전남의 동부 지역 산록부터 정상까지 폭넓게 분포한다. 햇볕이 어느 정도 비추는 경사진 비탈면에서 생육한다. 토양습도가 풍부하고 배수가 잘되는 토양에서 잘 자란다.

▲ 히어리_ 수형

▲ 히어리_ 잎 생김새

▲ 히어리_ 열매

▲ 히어리_ 꽃이 달린 수형

▲ 히어리_ 꽃

29 낙지다리

돌나물과

- 학명 : *Penthorum chinense* Pursh
- 초본 : 다년초/수생식물
- 구분 : 희귀(약관심종, LC)
- 분포 : 전남 나주, 곡성, 고흥, 보성, 완도
- 개화 · 결실

1	2	3	4	5	6	7	8	9	10	11	12
						🌸		🍊			

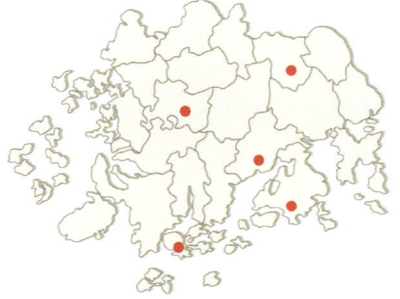

▲ 낙지다리_ 자생지

형태·생장특성

여러해살이풀 수생식물로 줄기는 높이 30~70㎝로 곧게 서며 털이 없고 홍자색으로 윗부분에서 가지를 친다. 잎은 어긋나며 막질로 양 끝이 좁고 뾰족한 피침형이고 가장자리에는 잔톱니가 있으며 잎자루는 없다. 꽃은 7~8월에 황백색으로 피며 원줄기 끝에서 가지가 사방으로 갈라져 총상꽃차례를 이루고, 위쪽으로 치우쳐 달려 낙지다리처럼 보인다. 꽃받침은 종형으로 5개로 갈라지며, 갈라진 조각은 끝이 뾰족한 난형이다. 꽃잎은 없으며, 1개의 암술과 10개의 수술이 둥글게 뭉쳐 꽃을 이룬다. 열매는 삭과로 9월에 홍갈색으로 익는다.

자생지 환경

햇볕이 잘 드는 연못이나 도랑 같은 습지에서 군락을 형성하며 자란다.

▲ 낙지다리_ 지상부

▲ 낙지다리_ 꽃

▲ 낙지다리_ 열매

30 나도승마

범의귀과

- 학명 : *Kirengeshoma koreana* Nakai
- 초본 : 다년초
- 구분 : 특산, 희귀(멸종위기식물, CR)
- 분포 : 전남 광양
- 개화 · 결실

1	2	3	4	5	6	7	8	9	10	11	12
						🌸			🍑		

▲ 나도승마_ 자생지

형태·생장특성

여러해살이풀로 **줄기**는 높이 30~100㎝로 원기둥 모양이며 잔털이 많다. **잎**은 마주나며, 잎자루는 밑부분은 길지만 윗부분은 거의 없고, 잎몸은 타원형 또는 원형으로 잎 양면에 가늘고 짧은 털이 있다. **꽃**은 7~8월에 옅은 노란색으로 피고 줄기 끝에 1~5개가 총상꽃차례로 달린다. 꽃받침은 종 모양으로 끝이 5개로 갈라지며 털이 있다. 꽃부리는 황색이며, 수술은 15개로 꽃부리보다 짧고, 암술은 1개, 암술대는 3~4개이다. 꽃잎은 5개로 긴 타원형이며 나사 모양으로 배열된다. **열매**는 삭과로 둥근 모양이고 털이 없다.

자생지 환경

전남 광양 백운산의 햇볕이 드는 숲 속 계곡에서 자란다. 토양이 비옥하고 공중습도가 높은 적윤지에서 생육한다.

▲ 나도승마_ 지상부

▲ 나도승마_ 꽃

▲ 나도승마_ 열매

31 거지딸기

장미과

- 학명 : *Rubus sorbifolius* Maxim.
- 목본 : 관목
- 구분 : 희귀(취약종, VU)
- 분포 : 전남 완도
- 개화 · 결실

1	2	3	4	5	6	7	8	9	10	11	12
			❀		🍓						

▲ 거지딸기_ 수형

형태·생장특성

낙엽활엽관목으로 높이 1~1.5m 정도이며, **줄기**는 짙은 홍색 털과 갈퀴 모양의 가시가 있다. **잎**은 어긋나며 깃꼴 겹잎으로 3~5개의 작은 잎으로 되어 있다. 잎 끝은 점점 뾰족해지고 밑은 둥글며 가장자리에 겹톱니가 있다. 잎자루와 작은가지 및 꽃자루에는 털이 빽빽하다. **꽃**은 4월에 흰색으로 피며 털로 덮여 있는 원추꽃차례의 꽃이삭에 달린다. 꽃잎은 꽃받침과 길이가 같고 도란형으로 끝이 뾰족하다. **열매**는 집합과로 타원형이며 6월에 황색으로 익는다.

자생지 환경

전남 남부 도서 지방의 숲 속 햇볕이 드는 곳에서 여러 종의 교목류·관목류와 혼용하여 분포한다. 공중습도가 높고 식생이 풍부한 지역에서 잘 자란다.

▲ 거지딸기_ 줄기

▲ 거지딸기_ 어린줄기

▲ 거지딸기_ 잎 생김새

▲ 거지딸기_ 꽃

▲ 거지딸기_ 열매

▲ 거지딸기_ 수피

31. 거지딸기 **83**

32 솜양지꽃 |장미과|

- 학명 : *Potentilla discolor* Bungei
- 초본 : 다년초
- 구분 : 희귀(약관심종, LC)
- 분포 : 전남 전역
- 개화 · 결실

1	2	3	4	5	6	7	8	9	10	11	12
				❀	❀		🍎	🍎			

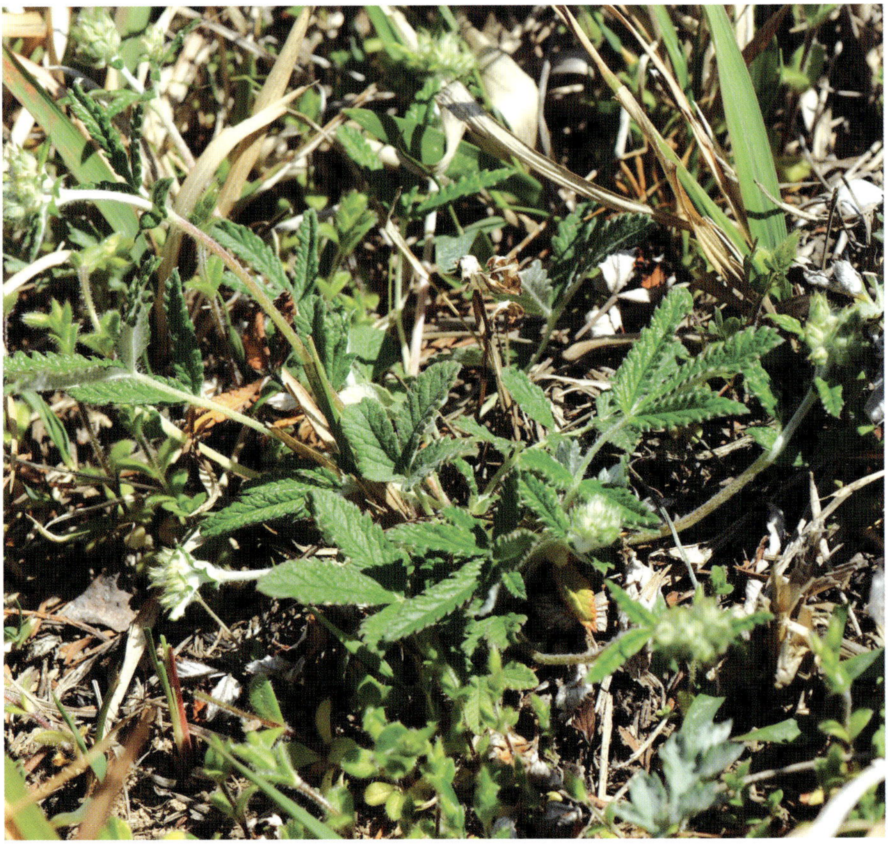

▲ 솜양지꽃_ 자생지

형태·생장특성

여러해살이풀로 **줄기**는 높이 15~40㎝로 비스듬히 자라며 털이 빽빽이 나 있다. **잎**은 표면은 녹색으로 털이 없으나 뒷면은 흰 털로 덮여 있다. 뿌리잎은 모여나며 3~4쌍의 작은 잎이 있다. 잎자루가 길고 턱잎은 잎자루 밑부분에 붙어 있다. 줄기잎은 3개의 작은 잎으로 난상 타원형이며 가장자리에 톱니가 있다. **꽃**은 4~8월에 노란색으로 피며 가지 끝에 취산꽃차례로 달린다. 꽃받침잎은 난형으로 겉에 털이 있고, 꽃잎은 5개, 수술과 암술은 많다. **열매**는 수과로 8~9월에 갈색으로 익는다.

자생지 환경

전남 지역 바닷가와 내륙의 양지에서 자란다. 지상부가 노출되어 햇볕이 잘 드는 산지의 풀밭에서 생육한다.

▲ 솜양지꽃_ 잎 생김새(앞면)

▲ 솜양지꽃_ 잎 생김새(뒷면)

▲ 솜양지꽃_ 꽃대

▲ 솜양지꽃_ 꽃

33 왕자귀나무

|콩과|

- 학명 : *Albizia kalkora* (Roxb.) Prain
- 목본 : 소교목
- 구분 : 희귀(위기종, EN)
- 분포 : 전남 목포, 진도, 신안
- 개화 · 결실

1	2	3	4	5	6	7	8	9	10	11	12
					🌸				🍎		

▲ 왕자귀나무_ 자생지

형태 생장특성
낙엽활엽소교목으로 높이 6~8m이지만 보통 3m 내외인 것이 많다. 잎은 짝수 2회 깃꼴 겹잎이며 칼 모양으로 작은 잎은 가장자리가 밋밋하고, 뒷면은 분백색이며 야간에 수면 운동을 한다. 꽃은 6~7월에 옅은 홍색으로 피고 잎겨드랑이나 가지 끝에 산형꽃차례로 달린다. 꽃받침 조각은 넓은 피침형이고, 수술은 30~40개이다. 열매는 협과로 10월에 익으며 납작하고 긴 타원형으로 끝이 날카롭다.

자생지 환경
바닷가의 산기슭이나 들판의 바람이 잘 통하는 양지에서 자란다. 토양 적응력이 좋아 자갈 섞인 척박한 토양에서도 잘 자란다.

▲ 왕자귀나무_ 수형(초여름)

▲ 왕자귀나무_ 수형

▲ 왕자귀나무_ 잎 생김새

▲ 왕자귀나무_ 꽃

▲ 왕자귀나무_ 열매

| 콩과 |

34 애기등

- 학명 : *Millettia japonica* (Siebold & Zucc.) A.Gray
- 목본 : 관목/덩굴식물
- 구분 : 희귀(취약종, VU)
- 분포 : 전남 해남, 진도, 신안
- 개화 · 결실

1	2	3	4	5	6	7	8	9	10	11	12
							❀		🍎		

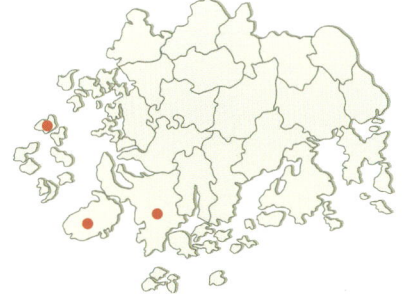

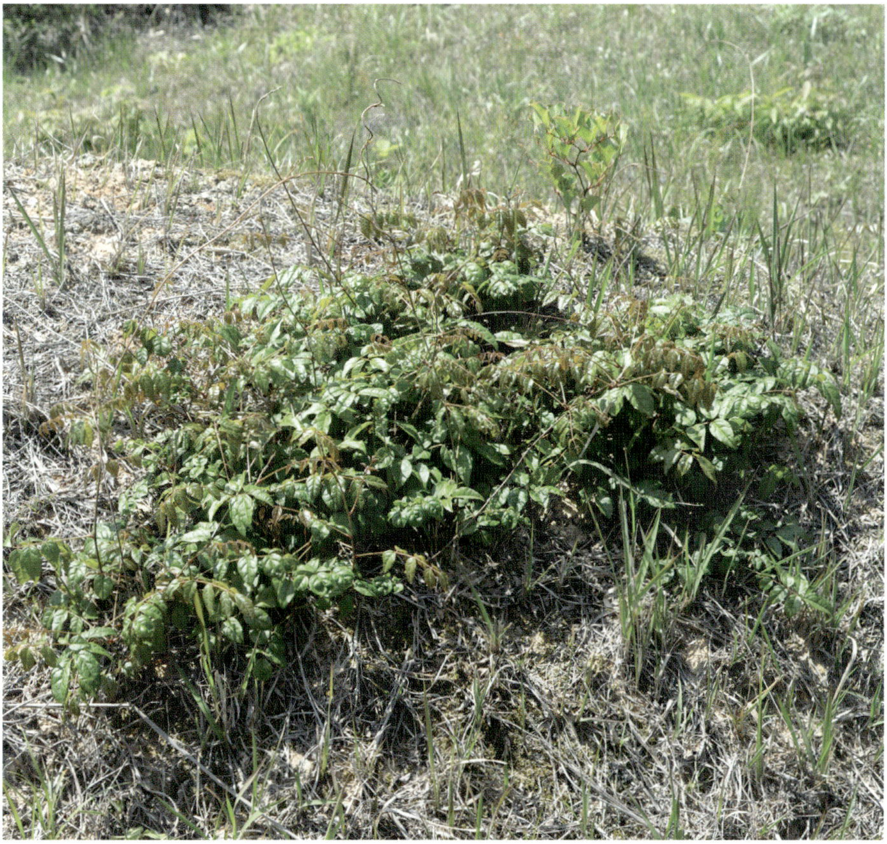

▲ 애기등_ 자생지

형태·생장특성 낙엽덩굴성 목본식물로 **줄기**는 가늘고 약하며 길이가 3m에 달한다. 어린가지에는 털이 있다. **잎**은 어긋나고 깃꼴 겹잎으로 9~13개의 작은 잎으로 되어 있으며 난형 또는 난상 피침형이다. 잎 밑부분은 둥글며 가장자리가 밋밋하고 양면에 털이 없다. **꽃**은 7~8월에 흰색으로 피고 잎겨드랑이에 총상꽃차례로 달린다. 꽃받침 조각은 털이 있으며, 씨방은 털이 없다. **열매**는 협과로 거꾸로 세운 피침형이며 10월에 익는다.

자생지 환경 햇볕이 드는 바닷가 또는 해안 지역의 산지에 분포한다. 다른 관목류·초본류가 함께 공존하며 건조하고 척박한 토양에서도 잘 번식하며 생육한다.

▲ 애기등_ 수형

▲ 애기등_ 어린줄기

▲ 애기등_ 꽃

▲ 애기등_ 열매

35 조도만두나무
| 대극과 |

- 학명 : *Glochidion chodoense* J.S.Lee & H.T.Im
- 목본 : 관목 또는 소교목
- 구분 : 특산 · 희귀(멸종위기식물, CR)
- 분포 : 전남 진도
- 개화 · 결실

1	2	3	4	5	6	7	8	9	10	11	12
						❀			🟤		

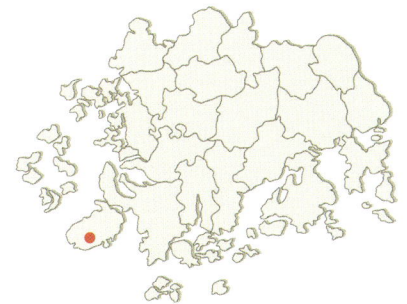

▲ 조도만두나무_ 자생지

형태 생장특성

낙엽관목 또는 소교목으로 높이 2~5m 정도로 자라며, 수피는 회색~회갈색으로 불규칙하게 갈라진다. 잎은 어긋나고 잎자루가 있으며 길이 5~8㎝의 긴 타원형 또는 타원형으로 끝이 둔하거나 뾰족하다. 잎 가장자리는 밋밋하고 뒷면은 연한 녹색으로 특히 맥 위에 털이 많다. 꽃은 암수한그루로 녹백색~황록색이며 7~8월에 잎겨드랑이에 모여 달린다. 꽃자루는 수꽃 길이 7~9㎜, 암꽃 길이 1㎜ 이하이며, 꽃잎은 모두 6개로 수꽃은 길이 2㎜ 정도의 좁은 도란형, 암꽃은 길이 1㎜ 정도의 타원형~도란형이다. 암술머리는 6개 이상이며, 씨방에는 흰색 털이 빽빽이 나 있다. 열매는 삭과로 편구형이며 보통 6갈래로 갈라지고 9~10월에 익는다.

자생지 환경

전남의 상조도, 관사도 등 진도 지방의 숲 하단부, 제방둑 그리고 밭둑이나 풀밭 및 숲 가장자리에 자라는 한반도 고유종이다. 특히 햇볕을 좋아하며 공중습도가 높고 배수가 잘되는 지역에서 잘 자란다.

▲ 조도만두나무_ 군락지

▲ 조도만두나무_ 수형

▲ 조도만두나무_ 꽃

▲ 조도만두나무_ 열매(미성숙)

▲ 조도만두나무_ 열매(성숙)

35. 조도만두나무

36 덩굴옻나무

[옻나무과]

- 학명 : *Rhus ambigua* H.Lév.
- 목본 : 관목/덩굴식물
- 구분 : 희귀(멸종위기식물, CR)
- 분포 : 전남 여수
- 개화 · 결실

1	2	3	4	5	6	7	8	9	10	11	12
				🌸					🍊		

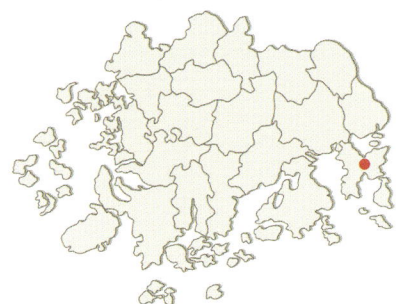

▲ 덩굴옻나무_ 자생지

94

형태·생장특성

낙엽덩굴성 목본식물로 줄기는 공기뿌리가 돋아 다른 물체에 붙어 자란다. 잎은 어긋나고 잎 끝은 둥글고 밑은 뾰족하며 어릴 때는 톱니가 있으나 점차 없어진다. 작은 잎은 3개이고 난형 또는 타원형이다. 잎자루는 길며, 맨끝의 잎은 잎자루가 있으나 옆에서 나는 잎에는 없다. 꽃은 이가화로 5~6월에 연황색으로 피며 잎겨드랑이에 원추꽃차례로 달린다. 꽃받침 조각, 꽃잎, 수술은 모두 5개이고, 암꽃은 5개의 수술과 1개의 씨방이 있다. 열매는 핵과로 연한 노란색이며 털이 없거나 짧은 가시털이 있다.

자생지 환경

전남 여수의 남쪽 섬 지방에 분포하며, 약간 경사진 산지의 그늘진 풀밭이나 산 위의 바위틈 사이에 집단으로 생육한다. 다른 수목이나 암벽에 붙어서 자란다.

▲ 덩굴옻나무_ 수형

▲ 덩굴옻나무_ 꽃

▲ 덩굴옻나무_ 잎 생김새

무환자나무과
37 모감주나무

- 학명 : *Koelreuteria paniculata* Laxmann
- 목본 : 교목
- 구분 : 희귀(취약종, VU)
- 분포 : 전남 여수, 완도
- 개화 · 결실

1	2	3	4	5	6	7	8	9	10	11	12
					✿			🍎			

▲ 모감주나무_ 자생지(완도 대문리 모감주나무 군락 천연기념물 제428호)

형태 생장특성
낙엽활엽교목으로 높이 8~10m이며, **뿌리**는 원뿌리와 곁뿌리가 있다. 나무껍질은 회갈색으로 세로로 갈라지며 벗겨진다. **잎**은 어긋나고 1회 또는 2회 홀수 깃꼴 겹잎이며, 작은 잎은 난상 긴 타원형이고 뒷면 잎맥을 따라 털이 있으며 가장자리에 불규칙하고 둔한 톱니가 있다. **꽃**은 6~7월에 가지 끝에서 황색으로 피며 원추꽃차례로 달린다. 꽃받침은 5개로 갈라지며, 꽃잎은 4개가 모두 위를 향한다. **열매**는 삭과로 9~10월에 짙은 황색으로 익으며 종자는 검다.

자생지 환경
남부 지방의 바닷가 주변에 분포하며, 염기와 해풍에 잘 적응하며 자란다. 척박지에서도 잘 자라며 양지바른 곳을 좋아한다.

▲ 모감주나무_ 수형

▲ 모감주나무_ 잎 생김새

▲ 모감주나무_ 꽃

▲ 모감주나무_ 열매

▲ 모감주나무_ 수피

38 거제물봉선

|봉선화과|

- 학명 : *Impatiens kojeensis* Y.N.Lee
- 초본 : 일년초
- 구분 : 특산, 희귀(멸종위기식물, CR)
- 분포 : 전남 고흥, 해남
- 개화 · 결실

1	2	3	4	5	6	7	8	9	10	11	12
							🌸	🍎			

▲ 거제물봉선_ 자생지

형태·생장특성

한해살이풀로 줄기는 높이 60㎝ 정도로 곧게 서고 유연하고 두꺼우며 마디가 튀어나온다. 잎은 어긋나며 양 끝이 좁은 피침형으로 가장자리에 톱니가 있다. 꽃은 8~9월에 피고 가지 윗부분에 총상꽃차례로 달린다. 작은 꽃자루는 밑으로 굽고 붉은색을 띠는 털이 있으며, 양쪽의 꽃은 크고 넓으며 자주색 반점이 있고 끝부분이 안으로 말린다. 수술은 5개, 암술은 1개이다. 열매는 삭과로 익은 후에는 탄력적으로 터지며 종자가 나온다.

자생지 환경

전남 남부 바닷가 산지의 응달진 바위틈이나 습기가 많고 토양이 비옥한 곳에서 자란다.

▲ 거제물봉선_ 지상부

▲ 거제물봉선_ 새싹

▲ 거제물봉선_ 꽃

▲ 거제물봉선_ 열매

38. 거제물봉선

39 호랑가시나무

[감탕나무과]

- 학명 : *Ilex cornuta* Lindl.
- 목본 : 소교목
- 구분 : 희귀(취약종, VU)
- 분포 : 전남 나주, 강진, 영광, 완도
- 개화 · 결실

1	2	3	4	5	6	7	8	9	10	11	12
				✿					🍊		

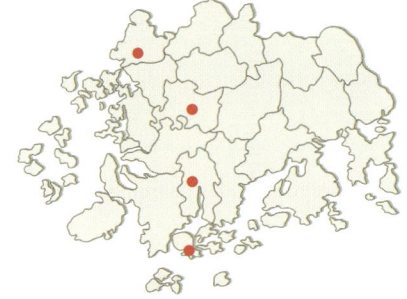

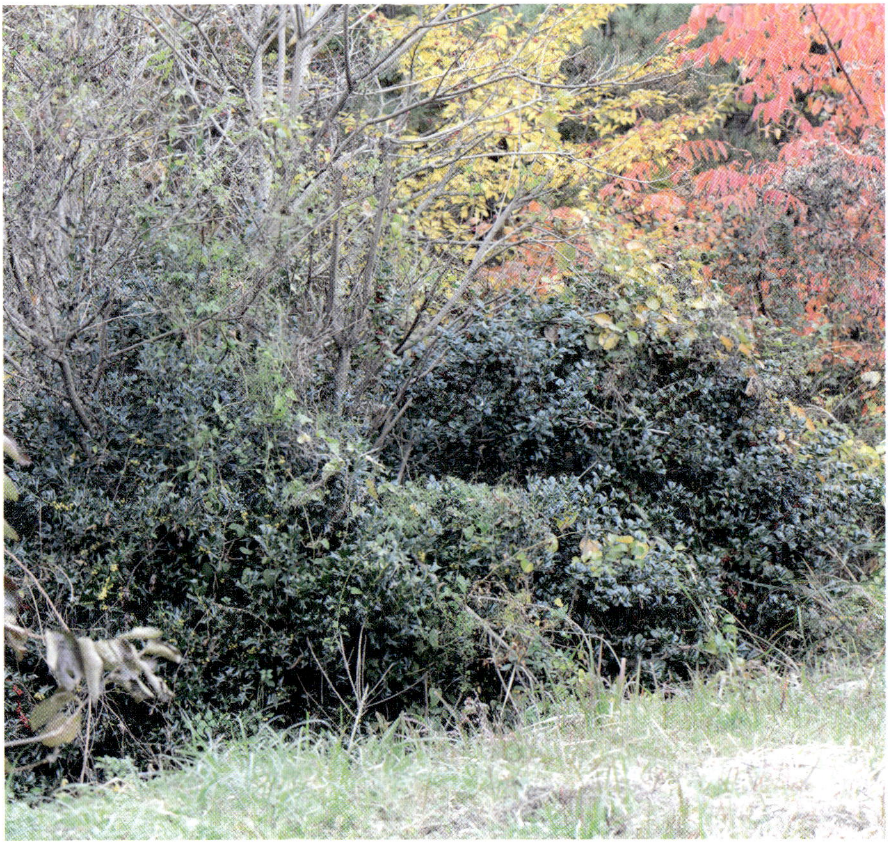

▲ 호랑가시나무_ 자생지

형태 생장특성

상록활엽소교목으로 높이 5m까지 자라고, 나무껍질은 회백색으로 벗겨지지 않는다. 잎은 어긋나고 딱딱하며 윤기가 나고 양면에 털이 없으며, 뒷면은 황록색으로 타원상 육각형이며 모서리의 톱니 끝이 가시로 되어 있다. 꽃은 4~5월에 피고 향기가 있으며 잎겨드랑이에 5~6개가 산형꽃차례로 달린다. 암술은 암술대가 없고, 암술머리는 약간 높아져서 4개로 갈라지고 검은색으로 된다. 열매는 핵과로 9~10월에 붉게 익으며 겨우내 매달려 있고 그 안에 4개의 씨가 들어 있다.

자생지 환경

전남 남부 지역 저지대 산록 양지와 하천변에서 자란다. 주로 산지 능선이나 완만한 경사지에 낙엽 또는 상록활엽수 등과 혼생하며, 내음성이 매우 강하여 그늘진 숲 속에서도 자란다.

▲ 호랑가시나무_ 수형(전남 나주 상구마을 호랑가시나무 천연기념물 제516호)

▲ 호랑가시나무_ 암꽃　　　　　　▲ 호랑가시나무_ 수꽃

▲ 호랑가시나무_ 잎 생김새　　　　▲ 호랑가시나무_ 열매

40 섬회나무

노박덩굴과

- 학명 : *Euonymus chibai* Makino
- 목본 : 소교목
- 구분 : 희귀(자료부족종, DD)
- 분포 : 전남 여수
- 개화 · 결실

1	2	3	4	5	6	7	8	9	10	11	12
					✿				🍎		

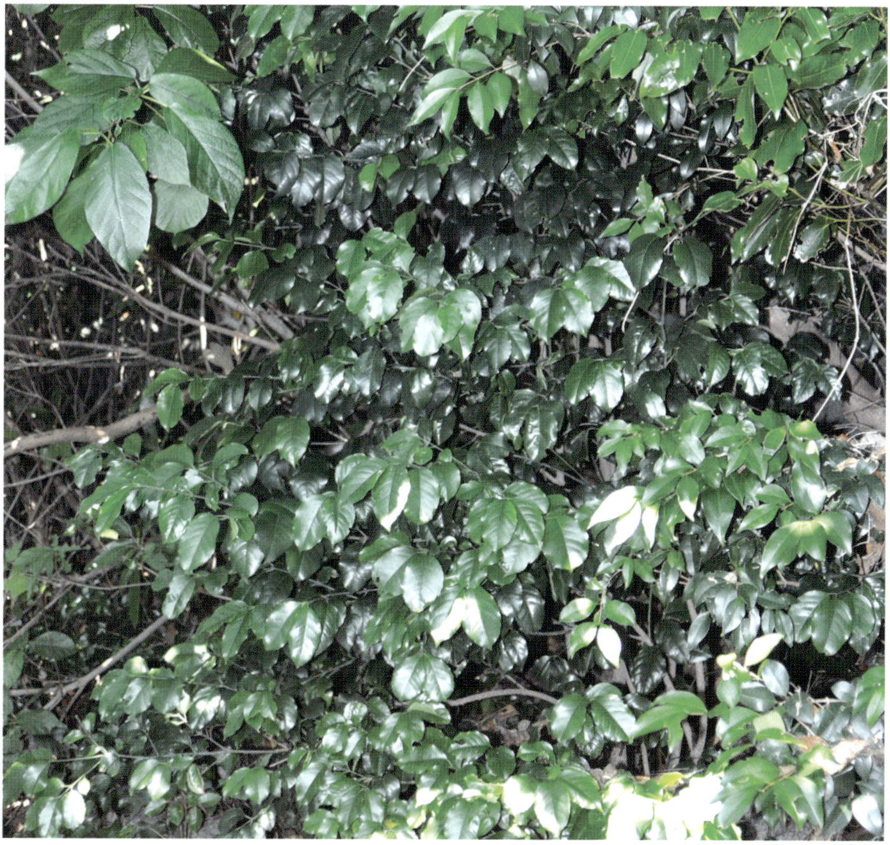

▲ 섬회나무_ 수형

형태·생장특성 상록활엽소교목으로 높이 5m에 달하고, 가지는 녹색으로 4개의 능선이 있다. 잎은 마주나고 타원형으로 엷은 가죽질이며 광택이 있고 상반부에 낮고 둔한 톱니가 있다. 잎자루는 길이 1~1.5㎝이며 표면에 홈이 있다. 꽃은 녹백색으로 6월에 피며 새 가지 끝에 취산꽃차례로 달리고, 꽃자루는 길이 2~4㎝로 편평하다. 꽃받침, 꽃잎, 수술은 4개씩이다. 열매는 삭과로 10월에 연한 황갈색으로 익으며 도란상 구형이고 4개의 낮은 능선이 있고 종의로 싸여 있는 종자가 있다.

자생지 환경 전남 거문도 지역의 약간 경사진 비탈면에서 자라며 주로 상록활엽수와 혼생한다. 공중습도가 높은 지역의 배수가 양호한 토양에서 잘 자란다.

▲ 섬회나무_ 꽃차례

▲ 섬회나무_ 꽃

▲ 섬회나무_ 잎 생김새

▲ 섬회나무_ 수피

41 황근

[아욱과]

- 학명 : *Hibiscus hamabo* Siebold & Zucc.
- 목본 : 관목
- 구분 : 희귀(취약종, VU)
- 분포 : 전남 완도
- 개화 · 결실

1	2	3	4	5	6	7	8	9	10	11	12
							🌸	🟠			

▲ 황근_ 자생지

형태 생장특성

낙엽활엽관목으로 높이 1~2m 정도이고, 나무껍질은 녹회색이며, 1년생 가지에는 별 모양 털이 빽빽이 나 있다. 잎은 어긋나며 도란형이고 가장자리에 잔톱니가 있다. 잎 끝은 급히 뾰족하고 뒷면에는 회백색 털이 빽빽하다. 꽃은 노란색으로 가운데는 짙은 자주색이며 7~8월에 가지 끝 잎겨드랑이에 달린다. 5개의 꽃받침 조각과 5개의 꽃잎, 5개의 수술이 있다. 열매는 삭과로 8~9월에 익으며 난형이고 황갈색 별 모양 털이 빽빽하다.

자생지 환경

전남 완도에 분포하며, 바닷가의 바람이 잘 통하며 햇볕이 잘 드는 약간 경사진 비탈면에서 생육한다. 물이 잘 빠지는 비옥하고 적윤한 사질양토에서 잘 자란다.

▲ 황근_ 수형

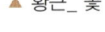

▲ 황근_ 꽃

▲ 황근_ 열매

42 백서향

팥꽃나무과

- 학명 : *Daphne kiusiana* Miq.
- 목본 : 관목
- 구분 : 희귀(위기종, EN)
- 분포 : 전남 신안
- 개화 · 결실

1	2	3	4	5	6	7	8	9	10	11	12
		🌸		🍑							

▲ 백서향_ 자생지

형태·생장특성

상록활엽관목으로 높이 1m 정도로 자란다. 잎은 어긋나며 타원형 또는 타원상 피침형으로 끝이 날카롭거나 둔하다. 잎 가장자리는 밋밋하고 잎자루가 짧으며 가죽질이고 윤이 난다. 꽃은 암수딴그루로 2~4월에 흰색으로 피고 전년도 가지 끝에 두상꽃차례로 모여 달린다. 꽃받침은 종 모양으로 끝이 4갈래로 갈라지고 잔털이 난다. 포는 넓은 피침형이고, 꽃자루는 흰 털이 나고, 수술은 8개가 2줄로 배열되어 있다. 열매는 장과로 5~6월에 주황색으로 익으며 독이 있다.

자생지 환경

전남 서쪽 도서 지방 섬 골짜기의 공중습도가 높은 교목류 아래에 생육하며, 그늘진 곳의 비옥한 사질양토에서 잘 자란다.

▲ 백서향_ 수형(초여름)

▲ 백서향_ 수형(봄)

▲ 백서향_ 꽃

▲ 백서향_ 열매

43 거문도닥나무

팥꽃나무과

- 학명 : *Wikstroemia ganpi* (Siebold & Zucc.) Maxim.
- 목본 : 관목
- 구분 : 희귀(멸종위기식물, CR)
- 분포 : 전남 여수, 고흥
- 개화 · 결실

1	2	3	4	5	6	7	8	9	10	11	12
						🌸		🍎			

▲ 거문도닥나무_ 자생지

형태 생장특성

낙엽활엽관목으로 높이 1m 내외이며, 줄기는 아래쪽에서 가지가 모여나고 위쪽에서 많은 1년생 가지를 낸다. 새 가지의 윗부분은 대부분 매년 말라 죽는다. 잎은 난상 타원형 또는 긴 타원형으로 어긋나며 양 끝 모두 예리하거나 뭉툭하다. 톱니는 없고 뒷면과 맥 위에 드물게 털이 있다. 꽃은 담홍색으로 7~8월에 통형의 꽃이 잎겨드랑이에 총상꽃차례로 달린다. 열매는 수과로 꽃받침통 속에 생긴다.

자생지 환경

전남 여수 남쪽 섬과 고흥 지역에 분포하며, 기후가 온화한 산지 하단부의 약간 경사지거나 편평한 길가에서 자란다. 비교적 햇볕이 잘 드는 지역의 건조한 토양에서 잘 자라며, 뿌리가 깊게 뻗으면서 집단을 이룬다.

▲ 거문도닥나무_ 수형

▲ 거문도닥나무_ 꽃

▲ 거문도닥나무_ 열매

43. 거문도닥나무

44 산닥나무

팥꽃나무과

- 학명 : *Wikstroemia trichotoma* (Thunb.) Makino
- 목본 : 관목
- 구분 : 희귀(취약종, VU)
- 분포 : 전남 영암, 진도
- 개화 · 결실

1	2	3	4	5	6	7	8	9	10	11	12
						🌸		🍑			

▲ 산닥나무_ 자생지

형태 생장특성

낙엽활엽관목으로 높이 1m 정도이며, 줄기는 몇 개로 갈라지고 잔가지가 많다. 나무껍질은 황갈색으로 1년생 가지는 털이 없고 가늘다. 잎은 난형으로 마주나며 표면은 황록색, 뒷면은 회록색이고 가장자리는 톱니가 없다. 잎 끝은 둔하고 밑은 둔하거나 뾰족하며 양면에 털이 없다. 꽃은 7~8월에 황색으로 피며 암수한꽃이고 7~15개가 총상꽃차례로 달린다. 꽃받침 조각은 4개로 털이 없고, 수술은 8개, 암술은 1개이다. 열매는 장과로 9~10월에 익는다.

자생지 환경

산지 계곡 주변과 산록 하단부 나무 밑 도랑가 주변의 공중습도가 높고 토양습도와 암석이 풍부한 지역에 분포한다. 배수가 양호하고 비옥한 사질양토에서 잘 자란다.

▲ 산닥나무_ 잎 생김새

▲ 산닥나무_ 꽃

▲ 산닥나무_ 열매

45 태백제비꽃

제비꽃과

- 학명 : *Viola albida* Palib.
- 초본 : 다년초
- 구분 : 희귀(약관심종, LC)
- 분포 : 전남 전역
- 개화 · 결실

1	2	3	4	5	6	7	8	9	10	11	12
			✿		🍎						

▲ 태백제비꽃_ 지상부

형태·생장특성 여러해살이풀로 줄기가 없이 전체 높이가 25㎝이다. **뿌리**는 여러 갈래로 갈라지고, 잎은 뿌리에서 모여난다. 잎자루가 길고 좁은 날개가 있으며, 잎은 삼각상 난형 또는 긴 난형으로 끝이 뾰족하고 털은 없으나 가장자리에 안으로 휜 톱니가 있다. **꽃**은 4~5월에 흰색으로 피는데, 잎 사이에서 긴 꽃자루가 나와 그 끝에 1개씩 달린다. **꽃**은 향기가 나며, 꽃받침은 5갈래로 갈라지고, 꽃잎은 난형으로 5장이다. **열매**는 삭과로 6~7월에 익으며 난상 타원형이다.

자생지 환경 전남 내륙의 산록이나 산 하단부 그늘진 곳, 길가에 분포한다. 유기물이 풍부하고 배수가 잘되는 지역에서 잘 자란다.

▲ 태백제비꽃_ 잎, 줄기

▲ 태백제비꽃_ 꽃

▲ 태백제비꽃_ 열매

45. 태백제비꽃

46 새박 |박과|

- 학명 : *Melothria japonica* Maxim.
- 초본 : 일년초/덩굴식물
- 구분 : 희귀(약관심종, LC)
- 분포 : 전남 전역
- 개화 · 결실

1	2	3	4	5	6	7	8	9	10	11	12
						🌸			🍎		

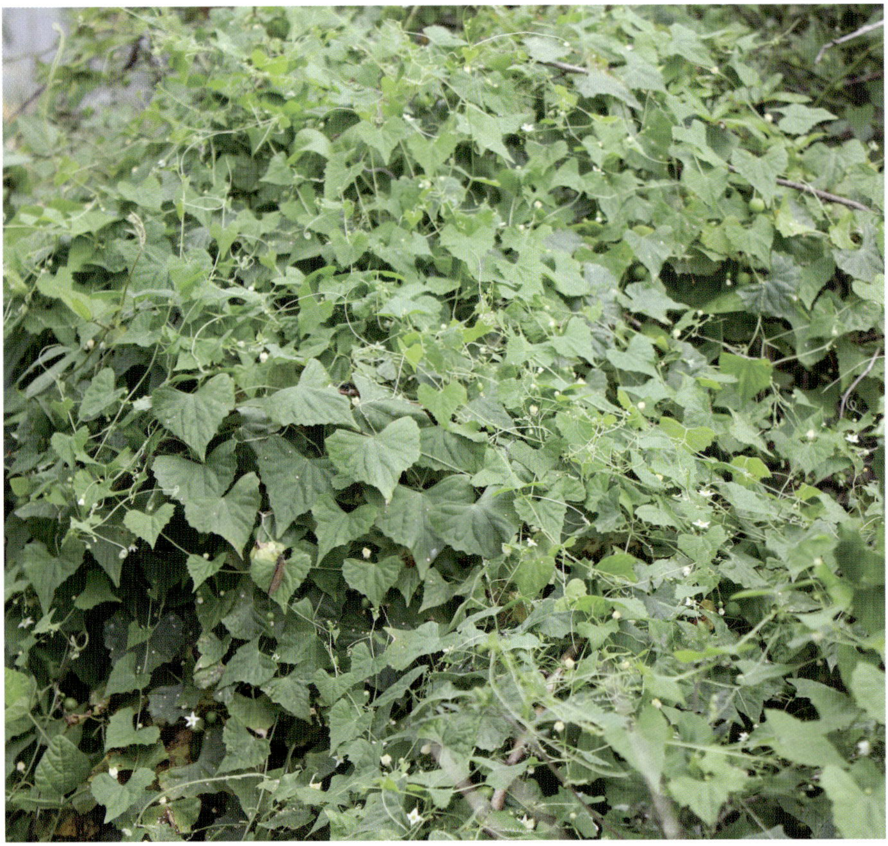

▲ 새박_ 지상부

형태 생장특성
덩굴성 한해살이풀로 **줄기**는 잎과 마주나는 덩굴손이 감아 올라간다. **잎**은 어긋나며 삼각상 심장형으로 끝이 뾰족하고 가장자리에 크고 작은 톱니가 있으며 잎자루가 길다. **꽃**은 단성화로 암수한그루이며 7~8월에 흰색으로 피고, 암꽃과 수꽃이 잎겨드랑이에 각각 1개씩 달리는데, 수꽃은 가지 끝에 총상꽃차례를 이루며 달리는 것도 있다. 수꽃에는 3개의 수술이 있고, 암꽃에는 1개의 암술이 있으며, 암술머리는 2개로 갈라진다. **열매**는 둥글고 열매자루에 달리며 밑으로 처지는데, 익으면 회백색이 된다.

자생지 환경
습지 근처 풀밭에서 다른 관목류 및 초본류와 함께 자란다. 줄기는 햇볕에 노출되고, 뿌리 부근은 다른 식물에 의해 보이지 않으나 비옥한 토양에서 잘 자란다.

▲ 새박_ 잎 생김새(앞면)

▲ 새박_ 잎 생김새(뒷면)

▲ 새박_ 꽃

▲ 새박_ 열매

47 지리산오갈피

[두릅나무과]

- 학명 : *Eleutherococcus divaricatus* var. *chiisanensis* (Nakai) C.H.Kim & B.Y.Sun
- 목본 : 관목
- 구분 : 특산, 희귀(자료부족종, DD)
- 분포 : 전남 전역
- 개화 · 결실

1	2	3	4	5	6	7	8	9	10	11	12
							🌸		🍑		

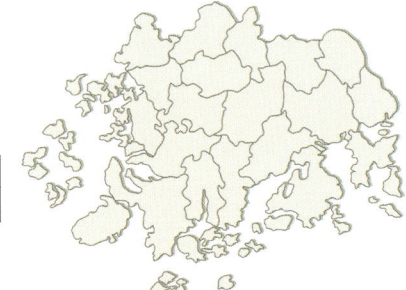

▲ 지리산오갈피_ 자생지

형태·생장특성

낙엽활엽관목으로 높이 3m에 달한다. 잎은 손바닥 모양으로 갈라져 어긋나고, 갈라진 조각은 도란형으로 양 끝이 뾰족하다. 잎 표면은 녹색이고 주맥에 잔털이 있으며, 뒷면은 연한 녹색으로 맥 위에 잔가시와 갈색 털이 있고, 가장자리에 뾰족한 겹톱니가 있다. 잎자루는 가시가 있다. 꽃은 자주색으로 여름에 피고 가지 끝에 산형꽃차례를 이루며 달린다. 꽃차례는 꽃자루가 짧아 두상이고 흰색 털이 있다. 꽃받침 조각은 난형이고 끝이 뾰족하며 털이 있다. 꽃잎은 난상 타원형이고 뒤로 젖혀지며, 암술대가 2개로 갈라진다. 열매는 핵과로 타원형이고 10월에 검게 익는다.

자생지 환경

전남 전역의 숲 속에서 낙엽활엽수와 혼생하며 분포한다. 내음성이 강하고 햇볕이 잘 드는 지역의 비옥한 토양에서 잘 자란다.

▲ 지리산오갈피_ 어린잎

▲ 지리산오갈피_ 꽃

▲ 지리산오갈피_ 열매

48 백운기름나물 |산형과|

- 학명 : *Peucedanum hakuunense* Nakai
- 초본 : 다년초
- 구분 : 희귀(위기종, EN)
- 분포 : 전남 순천, 광양, 고흥, 진도
- 개화 · 결실

1	2	3	4	5	6	7	8	9	10	11	12
						❀			🍎		

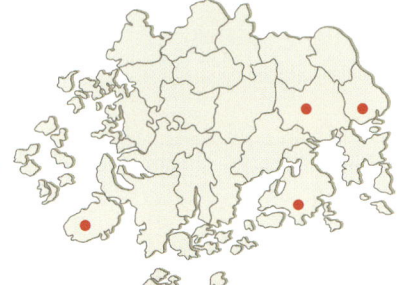

▲ 백운기름나물_ 자생지

형태·생장특성 여러해살이풀로 **줄기**는 높이 40~60㎝이고 녹색이며 윗부분에서 가지가 갈라진다. **뿌리잎**은 털이 없고 3회 3출 겹잎이고, 잎자루는 밑부분이 넓어져서 원줄기를 감싼다. 줄기잎은 뿌리잎과 비슷하며 위로 갈수록 작아진다. **꽃**은 7~8월에 흰색으로 피며 겹산형꽃차례로 달린다. 총포는 없고 작은 총포는 많으며 선상 피침형이다. 꽃자루와 씨방은 털 같은 돌기가 있으며, 수술은 꽃잎보다 길고 자주색이다. **열매**는 분열과로 편평한 타원형이며 검은색으로 뒷면에 잎맥이 있고 가장자리에 흰 날개가 있다.

자생지 환경 전남 내륙 및 해안 지방의 산지에 분포하며, 돌이 많은 경사지 또는 벼랑 등의 풀숲에서 자란다.

▲ 백운기름나물_ 지상부

▲ 백운기름나물_ 꽃

▲ 백운기름나물_ 열매

48. 백운기름나물

49 수정난풀 [노루발과]

- 학명 : *Monotropa uniflora* L.
- 초본 : 다년초/부생식물
- 구분 : 희귀(약관심종, LC)
- 분포 : 전남 곡성, 영광, 완도
- 개화 · 결실

1	2	3	4	5	6	7	8	9	10	11	12
						🌸	🍎				

▲ 수정난풀_ 자생지

형태·생장특성

여러해살이 부생식물로 **줄기**는 높이 10~20㎝이고 여러 대가 모여나며, 뿌리 이외에는 순흰색으로 윗부분에 긴 털이 있다. **잎**은 비늘과 같은 것이 퇴화되어 어긋나며 긴 타원형, 좁은 난형 또는 삼각상 난형이다. **꽃**은 7월에 흰색으로 피며 줄기 끝에 1개씩 밑을 향해 달린다. 꽃받침 조각은 1~3개, 꽃잎은 3~5개로 길이 1.5~2㎝인 긴 타원형이며 흰 털이 있고 밑부분은 주머니 모양이다. 수술은 10개로 수술대에 털이 있으며, 암술대는 굵고 짧으며, 암술머리는 지름 3~5㎜로 보라색이다. **열매**는 장과로 난상 구형이며 8~9월에 익는다.

자생지 환경

남부 지역 활엽수림 내 거의 햇볕이 들지 않는 곳의 유기물과 부식층이 풍부한 토양에서 기생하여 자란다.

▲ 수정난풀_ 새순

▲ 수정난풀_ 꽃 피기 전

▲ 수정난풀_ 꽃

▲ 수정난풀_ 종자

50 흰참꽃나무 |진달래과|

- 학명 : *Rhododendron tschonoskii* Maxim.
- 목본 : 관목
- 구분 : 희귀(야생멸종식물, EN)
- 분포 : 전남 광양, 구례
- 개화 · 결실

1	2	3	4	5	6	7	8	9	10	11	12
				✿				🍎			

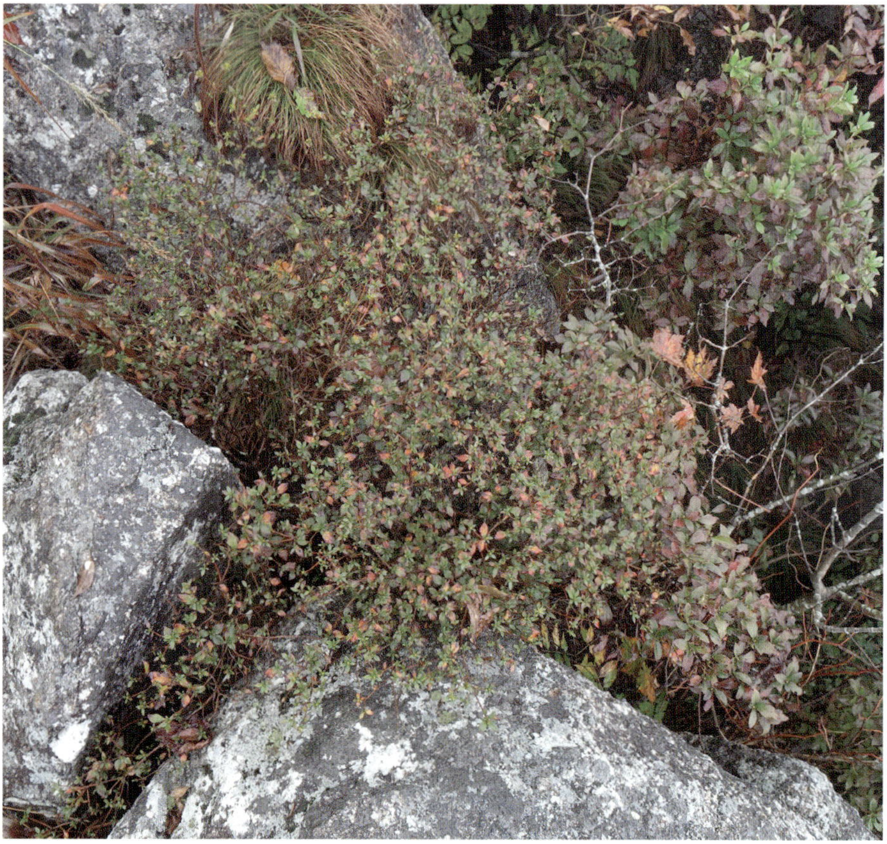

▲ 흰참꽃나무_ 자생지

형태·생장특성
낙엽활엽관목으로 높이 50㎝에 달하고, 1년생 가지에는 갈색 털이 있다. 잎은 어긋나고 가지 끝에서는 모여나며 타원형, 도란형 또는 난상 피침형이다. 잎 양 끝은 좁고 가장자리는 밋밋하고 뒷면은 연한 녹색이며 양면에 털이 있다. 꽃은 5월에 흰색으로 피며 가지 끝에 2~6개가 달리고 깔때기 모양이다. 꽃잎은 4~5개로 갈라지고 흰색 털이 있으며, 꽃받침은 4갈래, 수술은 4~5개이며, 꽃밥은 자주색이다. 열매는 삭과로 난형이며 9월에 익는다.

자생지 환경
높은 산의 능선이나 정상 부근 바위틈 사이에 주로 분포한다. 바람이 잘 통하고 햇볕이 잘 드는 곳에서 잘 자라며, 척박한 산성 토양에도 적응력이 강하다.

▲ 흰참꽃나무_ 수형

▲ 흰참꽃나무_ 군락지

▲ 흰참꽃나무_ 꽃

▲ 흰참꽃나무_ 열매

| 자금우과 |

51 백량금

- 학명 : *Ardisia crenata* Sims
- 목본 : 관목
- 구분 : 희귀(취약종, VU)
- 분포 : 전남 완도, 신안
- 개화 · 결실

1	2	3	4	5	6	7	8	9	10	11	12
	🍊					✿				🍊	

▲ 백량금_ 자생지

형태·생장특성

상록활엽관목으로 높이 1m 정도이며 원줄기가 하나이지만 윗부분에서 가지가 갈라진다. 잎은 어긋나고 타원형 또는 피침형이며 가장자리에는 둔한 톱니가 있고 톱니 사이에는 선모가 있다. 잎 앞면은 짙은 녹색이고 윤이 나며 뒷면은 연한 녹색이다. 꽃은 암수한꽃으로 6~8월에 피고 흰 바탕에 검은 점이 있으며 가지와 줄기 끝에 산형꽃차례로 달린다. 꽃받침은 5갈래로 갈라지고, 갈라진 조각은 난형이다. 열매는 핵과로 10월에 붉게 익으며 이듬해 5월까지 달린다.

자생지환경

남쪽 섬 숲 속 그늘의 주로 상록수림 아래쪽에 자금우 등과 혼재하여 분포하지만 개체 수가 드물다. 유기물이 풍부하고 공중습도가 높은 음지에서 잘 자란다.

▲ 백량금_ 수형

▲ 백량금_ 꽃

▲ 백량금_ 잎 생김새

▲ 백량금_ 열매

52 홍도까치수염 |앵초과|

- 학명 : *Lysimachia pentapetala* Bunge
- 초본 : 다년초
- 구분 : 희귀(취약종, VU)
- 분포 : 전남 나주, 담양, 신안
- 개화 · 결실

1	2	3	4	5	6	7	8	9	10	11	12
						🌸			🟠		

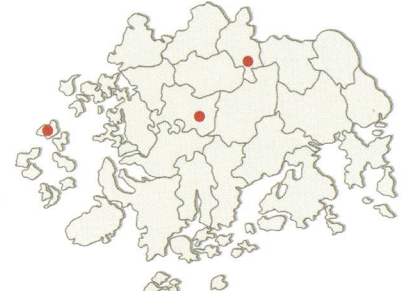

▲ 홍도까치수염_ 자생지

형태 생장특성

여러해살이풀로 **줄기**는 높이 30~80㎝로 곧게 서고 가지가 사방으로 퍼지며 털이 없다. **잎**은 어긋나고 좁은 피침형 또는 선형으로 양 끝이 좁으며 가장자리가 밋밋하고 검은 점이 퍼져 있다. **꽃**은 7~8월에 흰색으로 피며 가지 끝에 총상꽃차례로 달린다. 꽃잎은 5개이고, 꽃받침은 5개로 갈라지며 갈라진 조각은 긴 타원형으로 끝이 둥글다. **열매**는 삭과로 둥글고 10월에 익으며 꽃받침에 싸여 있다.

자생지 환경

전남의 내륙과 홍도에 분포하며 산기슭의 비탈진 곳 또는 바다 근처에 자란다.

▲ 홍도까치수염_ 지상부

▲ 홍도까치수염_ 꽃

▲ 홍도까치수염_ 열매

53 이팝나무

|물푸레나무과|

- 학명 : *Chionanthus retusus* Lindl. & Paxton
- 목본 : 교목
- 구분 : 희귀(약관심종, LC)
- 분포 : 전남 고흥, 완도, 신안
- 개화 · 결실

1	2	3	4	5	6	7	8	9	10	11	12
				❀					🍎		

▲ 이팝나무_ 자생지

형태 생장특성

낙엽활엽교목으로 높이 25m, 지름 50㎝이고, 나무껍질은 회갈색으로 불규칙하게 세로로 갈라지며 얇게 벗겨지기도 하고 벗겨지지 않기도 한다. 잎은 마주나고 잎자루가 길며 타원형이고 가장자리가 밋밋하지만 어린싹의 잎에는 겹톱니가 있다. 잎 겉면은 녹색, 뒷면은 연두색이며 잎맥에는 연한 갈색 털이 있다. 꽃은 암수딴그루로 5~6월에 흰색으로 피고 새 가지 끝에 원뿔 모양 취산꽃차례로 달린다. 꽃받침은 4개로 갈라지며, 꽃은 4개이고 밑부분이 합쳐져 통부가 꽃받침보다 길다. 수꽃은 2개의 수술만 있고, 암꽃은 2개의 수술과 1개의 암술이 있다. 열매는 핵과로 타원형이고 검은 보라색이며 10~11월에 익는다.

자생지 환경

전남의 해안 도서 지방에 분포한다. 골짜기나 개울, 해변가의 양지바르고 토심이 깊은 사질양토에서 잘 자란다.

▲ 이팝나무_ 수형

▲ 이팝나무_ 꽃

▲ 이팝나무_ 열매

54 박달목서
물푸레나무과

- 학명 : *Osmanthus insularis* Koidz.
- 목본 : 소교목
- 구분 : 희귀(위기종, EN)
- 분포 : 전남 여수, 신안
- 개화 · 결실

1	2	3	4	5	6	7	8	9	10	11	12
					🍑					✿	

▲ 박달목서_ 자생지

형태 생장특성

상록활엽소교목으로 **줄기**는 높이 8m에 달하고 전체에 털이 없다. 나무껍질은 회색이며, 작은 가지는 다소 편평하다. **잎**은 마주나며 가죽질로 긴 타원형 또는 난상 타원형이며, 잎 표면의 잎맥은 들어가지 않고 가장자리가 밋밋하지만 어린가지에서는 다소 톱니가 있다. **꽃**은 암수딴그루로 11~12월에 흰색으로 피며 잎겨드랑이에 모여달리고, 꽃받침과 화관은 4갈래로 갈라진다. **열매**는 핵과로 타원형이고 5~6월에 검게 익는다.

자생지 환경

남쪽 바닷가 비탈면에 주로 상록활엽수와 혼생한다. 비교적 그늘진 곳에서 잘 자라며 대부분의 토양에 대한 적응력이 강하다.

▲ 박달목서_ 수형

▲ 박달목서_ 꽃

▲ 박달목서_ 열매

55 꽃개회나무

|물푸레나무과|

- 학명 : *Syringa wolfii* C.K.Schneid.
- 목본 : 관목 또는 소교목
- 구분 : 희귀(약관심종, LC)
- 분포 : 전남 구례
- 개화 · 결실

1	2	3	4	5	6	7	8	9	10	11	12
					❀			🍎			

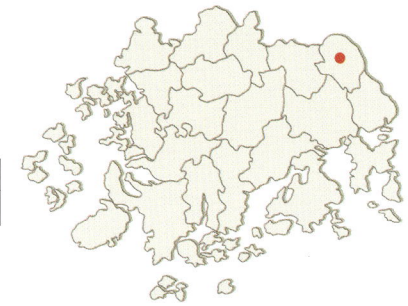

▲ 꽃개회나무_ 자생지

형태 생장특성

낙엽활엽관목 또는 소교목으로 높이 4~6m이고 잔가지에 껍질눈이 있다. 잎은 마주나며 타원형 또는 긴 타원형으로 가장자리는 밋밋하고 양 끝이 뾰족하고, 잎 뒷면의 전체 또는 맥 위에 잔털이 있다. 꽃은 6~7월에 옅은 홍자색으로 피고 새 가지 끝에 원추꽃차례로 달린다. 꽃받침잎은 털이 없거나 잔털이 있으며, 갈라진 조각은 난상 타원형으로 끝에 작은 돌기가 있어 안으로 굽거나 뒤로 젖혀진다. 열매는 삭과로 9월에 익으며 윤기가 있다.

자생지 환경

남부 지방에서는 고지대에 분포하며 주목, 백당나무, 땃두릅나무와 혼생하는 고산 수종으로 내한성이 강하다. 양지에서 잘 자라며, 배수성과 보습성이 좋은 비옥한 토양에서 번성한다.

▲ 꽃개회나무_ 꽃

▲ 꽃개회나무_ 열매

56 정향풀

[협죽도과]

- 학명 : *Amsonia elliptica* (Thunb.) Roem. & Schult.
- 초본 : 다년초
- 구분 : 희귀(멸종위기식물, CR)
- 분포 : 전남 완도
- 개화 · 결실

1	2	3	4	5	6	7	8	9	10	11	12
				🌸	🍂						

▲ 정향풀_ 자생지

형태 생장특성

여러해살이풀로 **줄기**는 높이 40~80㎝로 곧게 서며 윗부분에서 가지가 갈라진다. **뿌리줄기**는 옆으로 뻗고, **잎**은 어긋나지만 가지에서는 마주난다. 잎 표면은 광택이 나고 짙은 녹색이며, 잎자루는 거의 없고 피침형으로 끝이 뾰족하고 가장자리는 밋밋하다. **꽃**은 5월에 하늘색으로 피고 줄기 끝에 취산꽃차례로 달린다. 꽃받침은 5개로 갈라지며, 갈라진 조각은 끝이 뾰족하다. 수술은 5개, 암술은 1개이다. **열매**는 골돌과로 둥글고 털이 없으며 5~6월에 익는다.

자생지 환경

완도 지역의 일부 해안가 모래땅이나 들의 건조하고 바람이 잘 통하는 풀밭에서 군락을 형성하며 자란다.

▲ 정향풀_ 지상부

▲ 정향풀_ 꽃

▲ 정향풀_ 열매

57 광릉골무꽃

꿀풀과

- 학명 : *Scutellaria insignis* Nakai
- 초본 : 다년초
- 구분 : 특산, 희귀(약관심종, LC)
- 분포 : 전남 순천, 장성
- 개화 · 결실

1	2	3	4	5	6	7	8	9	10	11	12
				❀				🍎			

▲ 광릉골무꽃_ 자생지

형태 생장특성

여러해살이풀로 줄기는 높이 40~70㎝로 곧게 자라고, 뿌리줄기는 옆으로 길게 자라고 능선에 털이 난다. 잎은 길이 4~10㎝, 너비 1.2~4.5㎝로 타원형 또는 난상 타원형으로 마주나고 표면에 털이 약간 있으며, 짧은 잎자루가 있다. 잎 끝은 뾰족하고 밑이 둥글며 가장자리에 굵은 톱니가 있다. 꽃은 길이 3.5㎝ 정도의 연한 하늘색으로 피고 5~6월에 줄기 끝에 이삭 모양의 총상꽃차례로 달리고 곧게 선다. 작은 꽃자루는 길이 4㎜ 정도이고, 포는 길이 5~10㎜로 피침형 또는 선상 피침형이다. 꽃받침은 길이 4㎜ 정도이지만 꽃이 진 다음에는 길이 7㎜로 되며, 화관은 겉에 선모와 털이 있고 윗부분이 입술 모양이며 하순에 자주색 점이 있다. 열매는 9월에 익고 꽃받침에 둘러싸여 있다.

자생지 환경

햇볕이 잘 드는 산지 숲 속이나 숲 가장자리 낮은 지대의 풀밭에서 자란다. 토양은 비옥하나 약간 건조한 지역에서 관목류·초본류와 공존한다.

▲ 광릉골무꽃_ 잎 생김새

▲ 광릉골무꽃_ 꽃

▲ 광릉골무꽃_ 열매

58 토현삼 [현삼과]

- 학명 : *Scrophularia koraiensis* Nakai
- 초본 : 다년초
- 구분 : 희귀(자료부족종, DD)
- 분포 : 전남 전역
- 개화·결실

1	2	3	4	5	6	7	8	9	10	11	12
						✿		🍑			

▲ 토현삼_ 자생지

형태·생장특성

여러해살이풀로 **줄기**는 높이 1.5m에 달하고 사각형으로 곧게 서고 털이 없다. **잎**은 마주나며 난상 피침형으로 끝이 뾰족하고 가장자리에 뾰족한 톱니가 있으며 잎자루는 짧다. **꽃**은 흑자색으로 7월에 맨 꼭대기에서 줄기가 여러 갈래로 갈라져 취산꽃차례를 이루는데, 위에서 아래로 내려오면서 핀다. 작은 꽃줄기에는 털이 있으며, 꽃받침은 5개로 갈라지고, 갈라진 조각은 짧고 끝이 뭉뚝하거나 날카롭다. **열매**는 삭과로 9~10월에 익는다.

자생지 환경

햇볕이 드는 산지나 산지의 길가 그늘진 곳 또는 도랑가에 분포한다. 토양이 비옥한 곳에서는 키가 크게 자라며 생육이 왕성하다.

▲ 토현삼_ 지상부

▲ 토현삼_ 새싹

▲ 토현삼_ 열매

59 야고

| 열당과 |

- 학명 : *Aeginetia indica* L.
- 초본 : 일년초/기생식물
- 구분 : 희귀(취약종, VU)
- 분포 : 전남 여수, 순천, 완도
- 개화 · 결실

1	2	3	4	5	6	7	8	9	10	11	12
							✿		🍎		

▲ 야고_ 자생지

형태 생장특성

한해살이 기생식물로 줄기가 매우 짧아 거의 땅 위로 나오지 않으며 털이 없다. 잎은 어긋나고 적갈색으로 비늘조각 같다. 꽃은 8~9월에 연한 자주색으로 피고 잎겨드랑이에서 나온 꽃자루 끝에 옆을 향해 1개씩 달린다. 꽃받침은 배 모양으로 끝이 뾰족하며 뒷면에 모가 난 줄이 있다. 수술은 4개로 화관 통부에 붙어 있고, 암술은 1개, 씨방은 1실이다. 열매는 삭과로 둥근 난형이고 10~11월에 적갈색으로 익으며 많은 종자가 들어 있다.

자생지 환경

전남 남부 해안 및 도서 지방에서 교목류와 관목류 하층 그늘진 곳에 분포한다. 토양의 부식층이 풍부하고 억새가 분포하는 습한 지역에서 자라며, 벼과 식물, 특히 억새류의 뿌리에 기생한다.

▲ 야고_ 꽃봉오리

▲ 야고_ 꽃

▲ 야고_ 지상부

▲ 야고_ 종자

60 백양더부살이

|열당과|

- 학명 : *Orobanche filicicola* Nakai
- 초본 : 다년초/기생식물
- 구분 : 희귀(멸종위기식물, CR)
- 분포 : 전남 장성
- 개화 · 결실

1	2	3	4	5	6	7	8	9	10	11	12
				🌸	🟤						

▲ 백양더부살이_ 자생지

| 형태·생장특성 | 여러해살이풀로 반기생식물이다. 높이 10~30㎝ 정도이며, 줄기는 갈색이 돌고 잔뿌리가 길다. 잎은 어긋나며 긴 삼각형이고 비늘조각이 많이 붙어 있으며 잔털이 있다. 꽃은 5~6월에 보라색으로 피는데, 흰 줄무늬가 있으며 통꽃이고 줄기 밑부터 끝까지 모여달린다. 열매는 6월에 갈색으로 달린다. |

| 자생지 환경 | 내장산, 백양산 일대에서 자라며 쑥이 있는 곳의 풀숲에 난다. 유기물이 풍부한 토양과 부식층이 발달한 곳에서 드물게 발견된다. |

▲ 백양더부살이_ 지상부

▲ 백양더부살이_ 꽃

▲ 백양더부살이_ 열매

61 땅귀개

통발과

- 학명 : *Utricularia bifida* L.
- 초본 : 다년초/식충식물
- 구분 : 희귀(취약종, VU)
- 분포 : 전남 전역
- 개화·결실

1	2	3	4	5	6	7	8	9	10	11	12
							🌸		🟠		

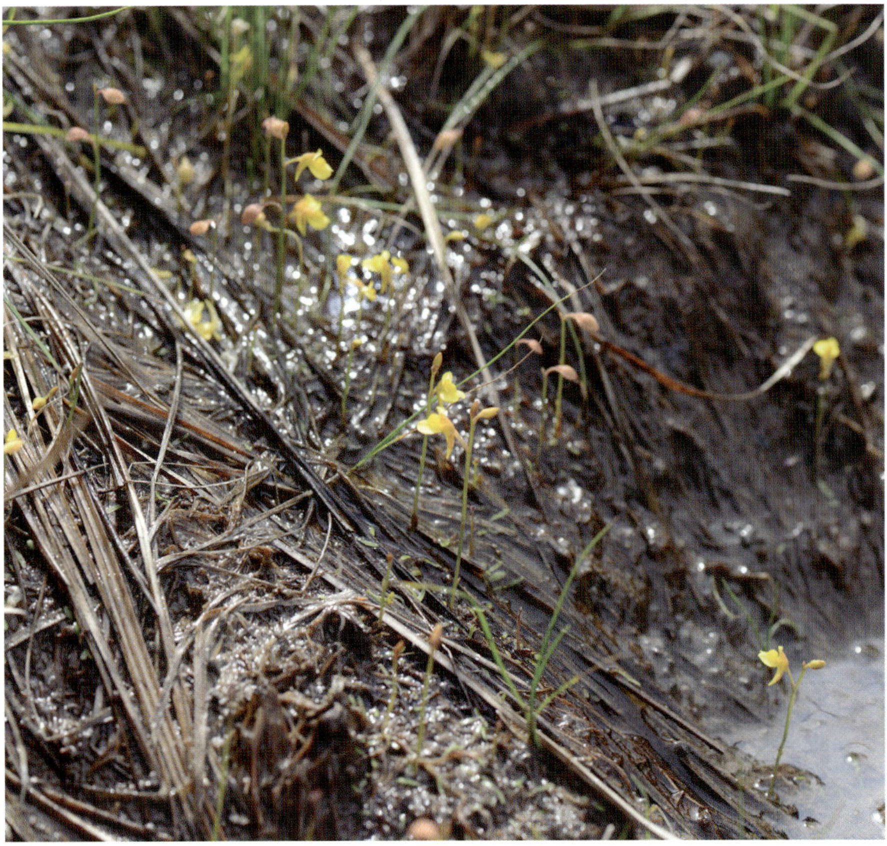

▲ 땅귀개_ 자생지

형태·생장특성

여러해살이풀로 벌레잡이식물이다. **땅속줄기**가 땅속을 기면서 뻗고 벌레잡이주머니가 군데군데 달린다. **잎**은 선형으로 땅속줄기의 군데군데에서 땅 위로 나며 녹색이고 밑부분에 1~2개의 벌레잡이주머니가 있다. **꽃**은 8~9월에 피며 밝은 황색이고 2~10개가 달린다. 꽃줄기는 몇 개의 비늘잎이 어긋나고 곧게 선다. 꽃받침은 2개로 갈라지며 넓은 난형이다. 수술은 2개, 암술은 1개이다. **열매**는 삭과로 둥글며 10~11월에 익는다.

자생지 환경

비교적 따뜻한 지역의 습지에서 자란다. 생육 범위가 넓어서 토양이 척박한 곳에서도 잘 자란다.

▲ 땅귀개_ 꽃

▲ 땅귀개_ 종자

▲ 땅귀개_ 지상부

▲ 땅귀개_ 무리

62 이삭귀개 (통발과)

- 학명 : *Utricularia racemosa* Wall.
- 초본 : 다년초/식충식물
- 구분 : 희귀(약관심종, LC)
- 분포 : 전남 전역
- 개화 · 결실

1	2	3	4	5	6	7	8	9	10	11	12
							🌸			🟤	

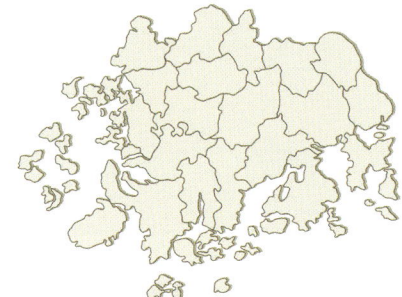

▲ 이삭귀개_ 자생지

형태·생장특성

여러해살이풀로 벌레잡이식물이다. 땅속줄기는 옆으로 뻗으며 벌레잡이주머니가 달린다. 잎은 뿌리줄기의 여러 곳에서 모여나며 주걱 모양이다. 원줄기에 붙은 잎은 거꾸로 된 피침형이고, 꽃줄기에 나는 비늘 같은 잎은 어긋나며 드문드문 달린다. 꽃은 8~9월에 자주색으로 피고 꽃줄기에 4~10개가 총상꽃차례로 다소 드물게 달린다. 꽃받침은 넓은 타원형이며 돌기가 빽빽이 나고, 꽃잎에는 꿀주머니가 있다. 열매는 삭과로 둥글며 꽃받침에 싸여 11월에 익는다.

자생지 환경

햇볕이 잘 드는 습지로 비교적 물이 잘 빠지지 않는 점토질이 많은 토양에서 잘 자란다.

▲ 이삭귀개_ 꽃봉오리

▲ 이삭귀개_ 꽃

▲ 이삭귀개_ 지상부

62. 이삭귀개

63 통발

- 학명 : *Utricularia vulgaris* var. *japonica* (Makino) Tamura
- 초본 : 다년초/수생식물 · 식충식물
- 구분 : 희귀(취약종, VU)
- 분포 : 전남 전역
- 개화 · 결실

1	2	3	4	5	6	7	8	9	10	11	12
							✽				

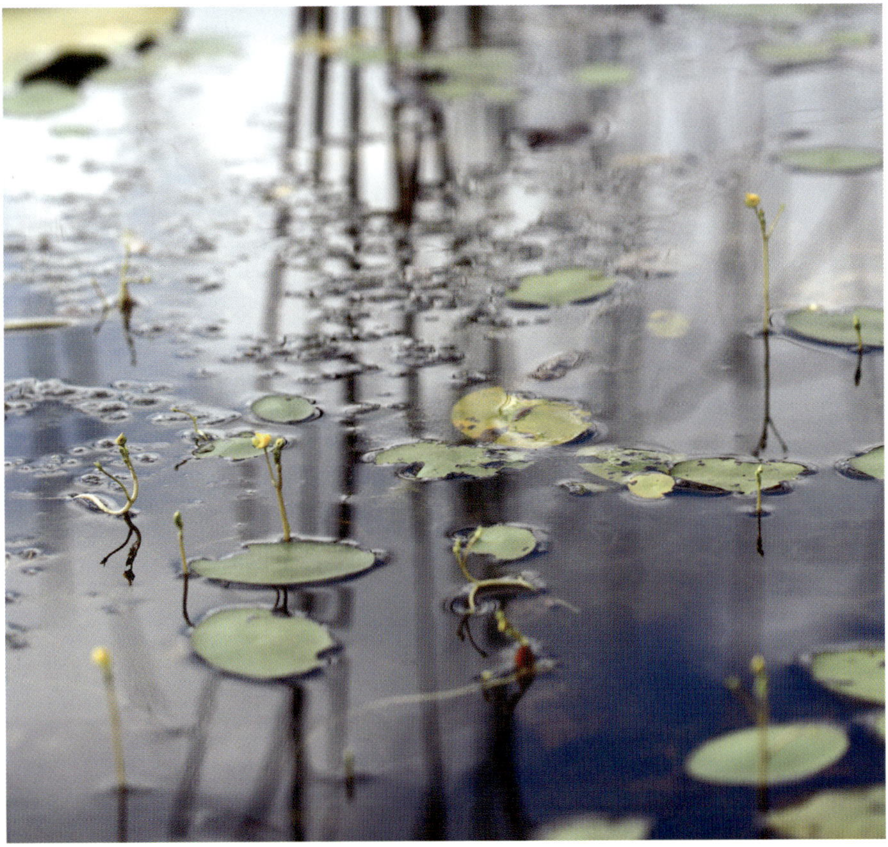

▲ 통발_ 자생지

형태·생장특성

여러해살이 수초로 벌레잡이식물이다. 뿌리는 있으나 물에 떠서 자라며, 줄기는 뻣뻣하다. 잎은 어긋나며 실같이 갈라지고, 갈라진 조각은 뾰족한 톱니가 있으며, 벌레잡이잎이 작은 벌레를 잡는다. 꽃은 8~9월에 밝은 황색으로 피고 꽃자루가 물 위로 나와 4~7개가 총상꽃차례로 달린다. 화관은 입술 모양으로 아랫입술조각이 더 크고 꽃 가운데에 붉은색 무늬가 있다. 열매는 익지 않는다.

자생지 환경

연못이나 늪 웅덩이 지역에서 부유식물로 자란다. 물이 고여 있는 지역에도 분포하며, 다른 부엽·침수 식물과 함께 비교적 따뜻한 지역에서 잘 자란다.

▲ 통발_ 지상부

▲ 통발_ 꽃

▲ 통발_ 잎 생김새

64 버들금불초

[국화과]

- 학명 : *Inula salicina* var. *asiatica* Kitam.
- 초본 : 다년초
- 구분 : 희귀(취약종, VU)
- 분포 : 전남 전역
- 개화 · 결실

1	2	3	4	5	6	7	8	9	10	11	12
					❀				🍑		

▲ 버들금불초_ 자생지

형태·생장특성

여러해살이풀로 **줄기**는 높이 50~80㎝로 곧추서고 가늘고 딱딱하며 위에서 가지가 갈라지고 털이 난다. **잎**은 어긋나고 금불초보다 촘촘히 달리며 피침형으로 너비 1~2㎝ 정도이다. 잎 가장자리에 잔톱니와 털이 있으며, 잎 표면은 거칠고 뒷면 맥 위에 털이 빽빽하고 위로 갈수록 점점 작아져 잎이 포엽으로 된다. **꽃**은 6~7월에 피며 줄기 끝에 노란색 두상화가 1개 달린다. 두상화 가장자리에 암꽃인 설상화가 있고 가운데에는 관 모양의 양성화가 있다. **열매**는 수과로 10월에 익으며 황갈색이다.

자생지 환경

습윤한 산록의 풀밭이나 햇볕이 잘 드는 낮은 지대에서 다른 관목이나 초본류들과 섞여 자란다. 주변의 여러 종류의 풀들과 섞여서 함께 자라는 특성이 있으며, 토양이 비옥하고 비교적 바람이 잘 통하는 넓은 지대에서 생육한다.

▲ 버들금불초_ 지상부

▲ 버들금불초_ 꽃

▲ 버들금불초_ 열매

국화과

65 홍도서덜취

- 학명 : *Saussurea polylepis* Nakai
- 초본 : 다년초
- 구분 : 특산, 희귀(위기종, EN)
- 분포 : 전남 신안
- 개화 · 결실

1	2	3	4	5	6	7	8	9	10	11	12
								❀	🍎		

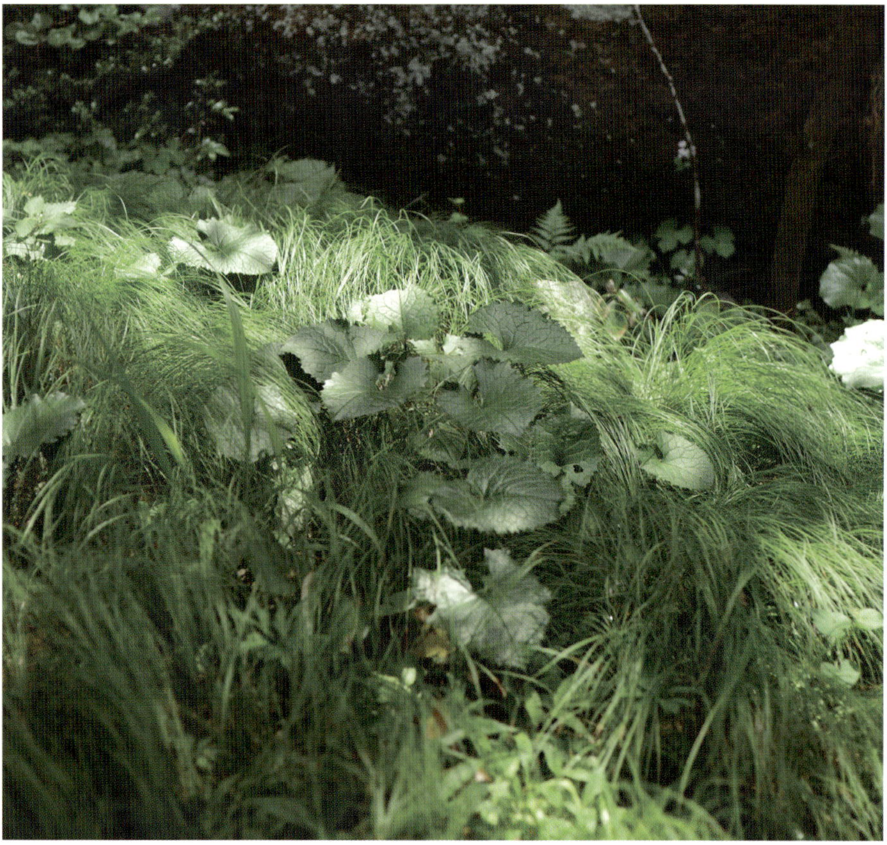

▲ 홍도서덜취_ 자생지

형태 생장특성

여러해살이풀로 **줄기**는 높이 70㎝에 달하고 윗부분에서 가지가 갈라진다. **잎**은 뿌리잎의 경우 긴 잎자루가 있고 꽃이 필 때 말라 없어지고, 줄기잎은 신장형으로 가장자리에 불규칙한 톱니가 있으며 잎 양면에 털이 있고 날개가 없는 잎자루가 있다. **꽃**은 두상화로 연분홍색이며 원줄기와 가지 끝에 달린다. 총포에는 털이 있고, 포 조각은 7줄로 배열한다. 관상화는 길이 10㎜ 정도이고, 관모는 2줄이다.

자생지 환경

홍도, 가거도 바닷가 근처 토양이 비옥한 산지의 풀밭에서 자라는 고유종으로 10여 곳 미만의 자생지가 있으며, 개체 수도 많지 않다. 토양이 비옥한 산지의 다소 건조한 풀밭에 주로 분포하고, 다른 초본류와 함께 자란다.

▲ 홍도서덜취_ 지상부(ⓒ 손성원)

▲ 홍도서덜취_ 어린잎

▲ 홍도서덜취_ 꽃대

▲ 홍도서덜취_ 꽃

▲ 홍도서덜취_ 열매

66. 벗풀

택사과

- 학명 : *Sagittaria sagittifolia* subsp. *leucopetala* (Mig.) Hartog
- 초본 : 다년초/수생식물
- 구분 : 희귀(자료부족종, DD)
- 분포 : 전남 전역
- 개화 · 결실

1	2	3	4	5	6	7	8	9	10	11	12
							🌸	🍎			

▲ 벗풀_ 자생지

형태 생장특성

여러해살이 수생식물로 **줄기**는 땅속줄기에서 달리고 땅속줄기의 끝에 덩이줄기가 발달한다. **잎**은 침수성으로 뿌리에서 모여나며, 어린잎은 선형으로 잎자루와 잎몸이 구별되지 않고, 성숙한 잎은 잎자루가 있으며 잎몸은 피침형 또는 난형이고, 잎 가장자리는 밋밋하고 잎맥은 3~5개이다. **꽃**은 7~9월에 흰색으로 피며 암수한그루로 수꽃 아래에 암꽃이 위치하고, 꽃잎은 3장이 돌려난다. **열매**는 수과로 편평한 도란형이며 8~10월에 익는다.

자생지 환경

논이나 연못, 얕은 물가에 자란다. 바람이 적고 고여 있는 물이나 흐르는 물속에서도 잘 자란다.

▲ 벗풀_ 지상부

▲ 벗풀_ 꽃

▲ 벗풀_ 꽃차례

67. 물질경이

자라풀과

- 학명 : *Ottelia alismoides* (L.)Pers.
- 초본 : 일년초/수생식물
- 구분 : 희귀(약관심종, LC)
- 분포 : 전남 전역
- 개화 · 결실

1	2	3	4	5	6	7	8	9	10	11	12
							🌸		🟤		

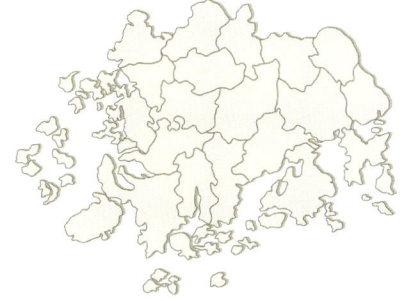

▲ 물질경이_ 자생지

형태 생장특성

한해살이 수생식물로 줄기가 없으며 수염뿌리가 있다. 잎은 뿌리에서 뭉쳐나며 타원형으로 가장자리에 주름과 톱니가 있으며 자갈색을 띤 녹색이다. 잎 끝은 둔하며 나란히맥이 측맥으로 연결되어 그물 모양을 이룬다. 꽃은 암수한꽃으로 8~9월에 흰색 또는 분홍색으로 피고 꽃줄기 끝에 1개씩 달린다. 꽃받침 조각은 타원형, 꽃잎은 도란형으로 각각 3개이며 수술은 6개, 암술은 1개, 암술대는 3개이다. 열매는 타원형으로 10월에 익는다.

자생지 환경

전남 지역의 논이나 도랑의 물 속에서 자란다. 대부분의 식물체가 물에 잠기며, 연못에서도 발견되고 생육 범위가 넓어 다양한 수질에서도 잘 자란다.

▲ 물질경이_ 지상부

▲ 물질경이_ 꽃

▲ 물질경이_ 열매

자라풀

자라풀과

- 학명 : *Hydrocharis dubia* (Blume) Backer
- 초본 : 다년초/수생식물
- 구분 : 희귀(약관심종, LC)
- 분포 : 전남 나주, 무안
- 개화 · 결실

1	2	3	4	5	6	7	8	9	10	11	12
							🌸		🍑		

▲ 자라풀_ 자생지

형태·생장특성

여러해살이 수생식물로 줄기는 옆으로 뻗고 마디에서 뿌리가 내린다. 잎은 둥글고 가장자리가 밋밋하며 양면에 털이 없다. 잎 앞면은 광택이 나고 뒷면 중앙부에 기포가 있으며 잎맥이 뚜렷하다. 꽃은 흰색 바탕에 중앙이 노란색이며 7~9월에 물 위에서 피는데, 잎겨드랑이에 수직으로 서서 핀다. 꽃받침 조각과 꽃잎은 3개씩이며, 꽃잎은 막질이다. 수술은 6~9개, 암꽃의 암술은 2개씩 갈라지는 암술머리가 6개 있다. 열매는 긴 타원형으로 육질이고 10월에 익는다.

자생지 환경

전남 남부 지역의 연못이나 도랑 등 얕은 물에서 자란다. 수질이 깨끗하고 물의 흐름이 어느 정도 있는 곳에서 생육한다.

▲ 자라풀_ 지상부

▲ 자라풀_ 꽃

▲ 자라풀_ 열매

69 흑산도비비추

백합과

- 학명 : *Hosta yingeri* S. B. Jones
- 초본 : 다년초
- 구분 : 특산, 희귀(위기종, EN)
- 분포 : 전남 신안
- 개화 · 결실

1	2	3	4	5	6	7	8	9	10	11	12
							❀		🍑		

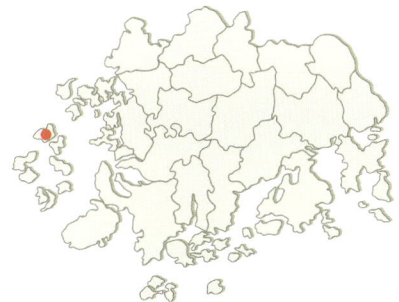

▲ 흑산도비비추_ 자생지

형태 생장특성 여러해살이풀로 높이 20~30㎝ 정도이다. 잎은 뿌리에서 모여나며 타원형이고 두껍고 표면이 맨들거리며 뒷면은 약간 흰빛을 띤다. 잎자루는 짧고 잎몸은 양 끝이 뾰족하다. 꽃은 꽃줄기 끝에 10~20개가 총상꽃차례로 달리고 화피는 5개로 갈라진다. 꽃잎은 위는 진하고 밑동은 희며, 수술 3개는 길고 3개는 짧다. 꽃밥은 자주색이다.

자생지 환경 전남의 흑산도와 홍도, 가거도 등지에 분포한다. 바닷가 근처 풀밭이나 숲 가장자리 또는 암벽 사이에서 자란다.

▲ 흑산도비비추_ 지상부

▲ 흑산도비비추_ 꽃

▲ 흑산도비비추_ 열매(미성숙)

▲ 흑산도비비추_ 열매(성숙)

70 땅나리 [백합과]

- 학명 : *Lilium callosum* Siebold & Zucc.
- 초본 : 다년초
- 구분 : 희귀(취약종, VU)
- 분포 : 전남 고흥, 진도
- 개화 · 결실

1	2	3	4	5	6	7	8	9	10	11	12
						✿		🍎			

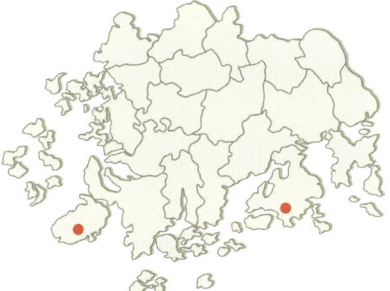

▲ 땅나리_ 자생지

형태 생장특성

여러해살이풀로 **줄기**는 털이 없고 높이 30~100㎝ 정도이다. 비늘줄기는 지름 3~5㎜로 작으며, 비늘조각은 작고 털이 없다. **잎**은 어긋나고 붙어나며 선형이고 털이 없으며 양 끝이 좁고 가장자리는 밋밋하다. **꽃**은 지름 3~5㎝로 7월에 황적색 또는 짙은 적색으로 피며 줄기 끝에 1~8송이가 아래를 향해 달린다. 화피는 6개로 갈라지고 안쪽에 자주색 반점이 있으며 거꾸로 된 피침형으로 뒤로 말린다. 수술은 6개, 암술은 1개이며, 꽃밥은 붉은색 또는 짙은 붉은색이다. 씨방은 3실이다. **열매**는 삭과로 긴 타원형이고 3개로 갈라진다.

자생지 환경

전남 남부 지역의 산지 하단부에 분포한다. 양지바르고 물빠짐이 좋은 토양에서 다른 잡초들과 함께 자란다.

▲ 땅나리_ 꽃대

▲ 땅나리_ 지상부

▲ 땅나리_ 꽃봉오리

▲ 땅나리_ 꽃

▲ 땅나리_ 열매

| 백합과 |

71 날개하늘나리

- 학명 : *Lilium dauricum* KerGawl.
- 초본 : 다년초
- 구분 : 희귀(멸종위기종, CR)
- 분포 : 전남 구례
- 개화 · 결실

1	2	3	4	5	6	7	8	9	10	11	12
							🌸		🍑		

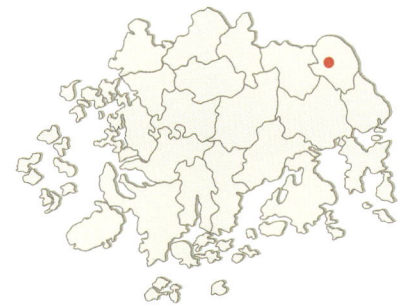

▲ 날개하늘나리_ 자생지

형태 생장특성 여러해살이풀로 **줄기**는 높이 20~90㎝로 곧게 서며, 원줄기에 세로줄이 있고 능선 위에는 보통 돌기가 있다. 비늘줄기는 가지가 옆으로 뻗기도 하고 비늘조각의 위쪽에 환절이 있다. **잎**은 어긋나고 잎자루가 없으며 선형 피침형으로 길이 7~12㎝, 너비 6~15㎜이다. 잎맥은 3~5개이고 가장자리와 마찬가지로 잔돌기가 있다. **꽃**은 황적색 바탕에 자주색 반점이 있으며 7~8월에 1~6개가 원줄기와 가지 끝에 위를 향해 산형으로 핀다. 6개의 수술과 1개의 암술은 꽃잎보다 짧고, 꽃밥은 붉은빛이 돈다. **열매**는 삭과로 10월에 익으며 도란형이다.

자생지 환경 지리산 노고단 등 높은 산의 해가 잘 드는 초지대에서 다른 풀들과 함께 자란다.

▲ 날개하늘나리_ 지상부

▲ 날개하늘나리_ 꽃

▲ 날개하늘나리_ 열매

72 층층둥글레

백합과

- 학명 : *Polygonatum stenophyllum* Maxim.
- 초본 : 다년초
- 구분 : 희귀(위기종, EN)
- 분포 : 전남 구례
- 개화 · 결실

1	2	3	4	5	6	7	8	9	10	11	12
					🌸			🍑			

▲ 층층둥굴레_ 자생지

형태·생장특성 여러해살이풀로 굵은 뿌리줄기가 옆으로 자라면서 번식한다. **줄기**는 가늘고 길며 길이 30~60㎝ 정도로 곧게 자라고 털이 없다. **잎**은 3~5개가 돌려나며 좁은 피침형 또는 선형으로 끝은 뾰족하고 밑은 둔하며 잎자루가 없다. 잎 표면은 녹색이고 뒷면은 분백색이다. **꽃**은 6월에 연한 황색으로 피고 잎겨드랑이에서 짧은 꽃대가 나와 2개의 꽃이 밑을 향해 달린다. **열매**는 장과로 9월에 검게 익는다.

자생지 환경 전남 내륙 산지 하단부의 농경지와 인접한 풀밭의 약간 경사진 곳에서 주로 사초과 식물들 사이에 섞여 자란다. 햇볕이 잘 들면서 바람이 적고 공중습도가 높은 강 주변에서 잘 자란다.

▲ 층층둥굴레_ 지상부

▲ 층층둥굴레_ 꽃

▲ 층층둥굴레_ 열매(ⓒ이귀용)

백합과

73 뻐꾹나리

- 학명 : *Tricyrtis macropoda* Miq.
- 초본 : 다년초
- 구분 : 희귀(약관심종, LC)
- 분포 : 전남 전역
- 개화 · 결실

1	2	3	4	5	6	7	8	9	10	11	12
						🌸			🟠		

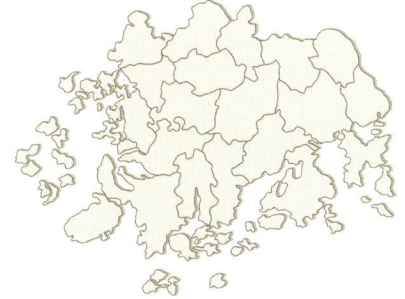

▲ 뻐꾹나리_ 자생지

형태·생장특성 여러해살이풀로 **줄기**는 높이 50㎝ 정도로 곧게 서고 털이 있다. **잎**은 어긋나고 긴 타원형 또는 타원형으로 잎자루는 없고 잎 아랫부분은 원줄기를 감싸고 가장자리가 밋밋하며 굵은 털이 있다. **꽃**은 7월에 흰색으로 피고 자주색 반점이 있으며 원줄기 끝과 가지 끝에 산방꽃차례로 달린다. 꽃자루에 짧은 털이 많고, 화피는 6개로 갈라지고 겉에 털이 있으며 자줏빛 반점이 있다. 수술은 6개이고, 수술대는 편평하며 윗부분이 말린다. 씨방은 3실이고, 암술대는 3개로 갈라진 다음 다시 2개씩 갈라진다. **열매**는 삭과로 피침형이다.

자생지 환경 산지 숲 속 낙엽수림 반그늘 아래 배수가 잘 되고 유기물이 풍부한 곳에서 자란다.

▲ 뻐꾹나리_ 지상부

▲ 뻐꾹나리_ 잎 생김새

▲ 뻐꾹나리_ 꽃

▲ 뻐꾹나리_ 열매

73. 뻐꾹나리

수선화과

74 진노랑상사화

- 학명 : *Lycoris chinensis* var. *sinuolata* K.H.Tae & S.C.Ko
- 초본 : 다년초
- 구분 : 특산, 희귀(위기종, EN)
- 분포 : 전남 영광, 장성
- 개화 · 결실

1	2	3	4	5	6	7	8	9	10	11	12
							🌸		🍎		

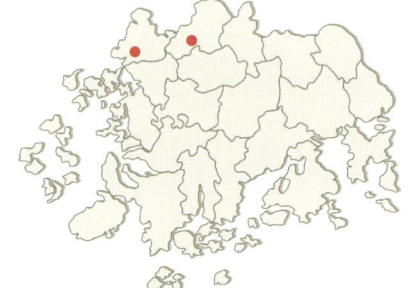

▲ 진노랑상사화_ 자생지

형태·생장특성 여러해살이풀로 **줄기**는 비늘줄기이다. 비늘줄기는 깊이 10㎝ 정도의 땅속에 묻혀 있으며 달걀 모양이고 목이 길다. **잎**은 녹색이고 털이 없으며 2~5월에 4~8장이 난다. 꽃줄기는 7~8월에 잎이 진 뒤에 나오며 녹색으로 곧게 자란다. **꽃**은 진한 노란색으로 4~7송이가 핀다. 수술대와 암술대 모두 노란색이며, 6장의 꽃받침 조각이 있으며 뒤쪽으로 젖혀진다.

자생지 환경 내장산과 불갑산에 분포하며, 물기가 많고 자갈이 많은 수풀 속에서 자란다. 특히 계곡을 따라서 주변에 폭넓게 분포하며, 그늘지고 비옥한 토양에서 생육한다.

▲ 진노랑상사화_ 꽃

▲ 진노랑상사화_ 잎

▲ 진노랑상사화_ 열매

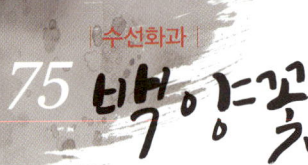

75 백양꽃

{수선화과}

- 학명 : *Lycoris sanguinea* var. *koreana* (Nakai) T.Koyama
- 초본 : 다년초
- 구분 : 희귀(위기종, EN)
- 분포 : 전남 광양, 곡성, 구례, 장성
- 개화 · 결실

1	2	3	4	5	6	7	8	9	10	11	12
							❀		🍑		

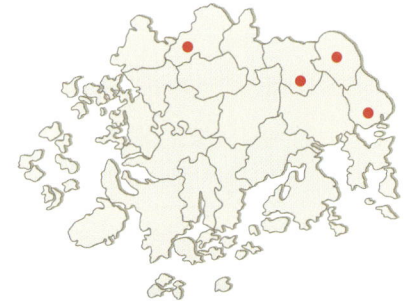

▲ 백양꽃_ 자생지

형태·생장특성 여러해살이풀로 비늘줄기는 길이 30~37㎜ 정도로 달걀 모양이다. 잎은 밑에서 모여나며 녹색으로 털이 없다. 꽃자루는 9월에 올라오며, 꽃은 적갈색으로 꽃자루 끝에 4~6개가 산형으로 달린다. 꽃잎은 6장이고, 수술과 암술은 밖으로 돌출되어 있으며 한쪽을 향해서 핀다.

자생지 환경 전남 내륙 산지 및 해안 도서 지방 산지의 그늘지고 공중습도가 높고 비옥한 지역에서 잘 자란다. 특히 유기물이 풍부하고 토양이 비옥한 계곡 주변에 집단적으로 분포한다.

▲ 백양꽃_ 잎

▲ 백양꽃_ 꽃봉오리

▲ 백양꽃_ 꽃

▲ 백양꽃_ 열매

76 노랑붓꽃 [붓꽃과]

- 학명 : *Iris koreana* Nakai
- 초본 : 다년초
- 구분 : 특산, 희귀(멸종위기식물, CR)
- 분포 : 전남 장성
- 개화 · 결실

1	2	3	4	5	6	7	8	9	10	11	12
			🌸		🍊						

▲ 노랑붓꽃_ 자생지

형태·생장특성

여러해살이풀로 **뿌리줄기**는 옆으로 길게 뻗고, 원줄기는 드문드문 나며 곧게 선다. 수염뿌리는 황백색으로 가늘고 길며 딱딱하다. **잎**은 넓은 선형으로 3~4개가 뿌리에서 나고, 밑부분에서 잎집을 이루어 줄기를 감싸고 끝은 점점 뾰족해진다. **꽃**은 4~5월에 노란색으로 피고 꽃대 끝에 2개씩 달린다. 외화피는 긴 도란형이고 내화피는 타원형으로 짧으며 곧게 선다. 수술 3개는 암술머리 뒤쪽에 있고, 암술대는 선형의 꽃잎처럼 생겼다. **열매**는 삭과로 6~7월에 익으며 둥근 모양이다.

자생지 환경

전남 내륙 산지의 나무가 많은 숲 속 그늘에서 자란다. 계곡 주변의 공중습도가 풍부하고 유기물이 풍부한 토양에서 생육한다.

▲ 노랑붓꽃_ 새순

▲ 노랑붓꽃_ 지상부

▲ 노랑붓꽃_ 꽃

▲ 노랑붓꽃_ 열매

77 금붓꽃 |붓꽃과|

- 학명 : *Iris minutoaurea* Makino
- 초본 : 다년초
- 구분 : 희귀(취약종, VU)
- 분포 : 전남 장성
- 개화·결실

1	2	3	4	5	6	7	8	9	10	11	12
			🌸		🍎						

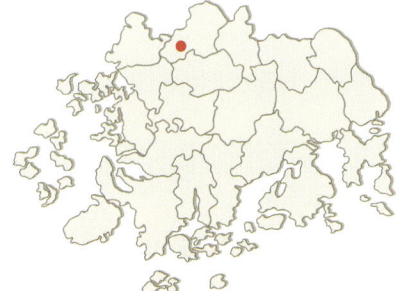

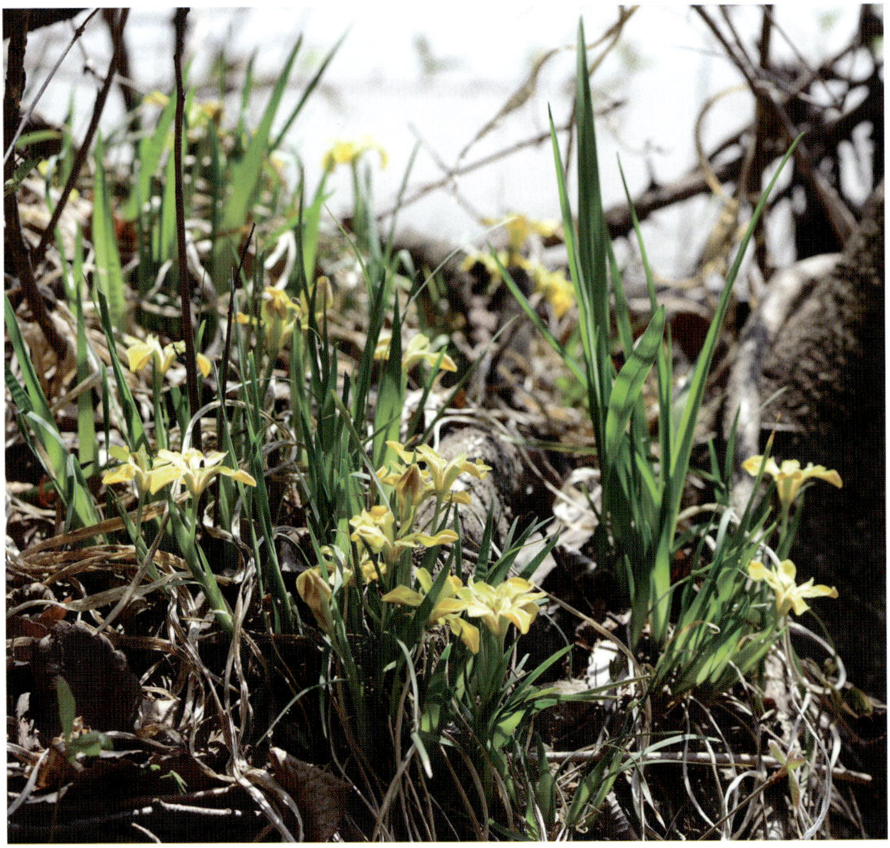

▲ 금붓꽃_ 자생지

형태·생장특성 여러해살이풀로 **뿌리줄기**는 옆으로 뻗고, 수염뿌리는 가늘고 길게 뭉쳐나며 밑부분은 묵은 잎으로 둘러싸인다. **잎**은 뿌리 부분에서 올라오며 길이 15~20㎝ 정도로 끝은 점점 좁아지고 가장자리는 밋밋하다. **꽃**은 4~5월에 노란색으로 피고 꽃대 끝에 한 송이가 달린다. 포는 선상 피침형이고 외화피는 긴 도란형 또는 주걱 모양으로 갈라지고 내화피 조각은 거꾸로 된 피침형으로 곧게 선다. **열매**는 삭과로 6~7월에 달리고 난형으로 광택이 나는 검은색이다.

자생지 환경 전남 내륙 산지의 양지바른 산기슭에서 자란다. 주로 소나무, 참나무류의 하층 식생으로 낙엽층이 풍부하고 배수가 양호한 산지 비탈에 분포한다.

▲ 금붓꽃_ 꽃봉오리

▲ 금붓꽃_ 꽃

▲ 금붓꽃_ 지상부

▲ 금붓꽃_ 열매

78 꽃창포 | 붓꽃과

- 학명 : *Iris ensata* var. *spontanea* (Makino) Nakai
- 초본 : 다년초
- 구분 : 희귀(약관심종, LC)
- 분포 : 전남 진도
- 개화 · 결실

1	2	3	4	5	6	7	8	9	10	11	12
					❀			🍎			

▲ 꽃창포_ 자생지

형태·생장특성

여러해살이풀로 **줄기**는 높이 60~120cm로 곧게 서고 털이 없으며 속이 비어 있다. **잎**은 어긋나며 표면은 광택이 많이 나는 녹색이고 주맥이 선명하다. **꽃**은 6~7월에 적자색으로 피고 원줄기나 가지 끝에 달린다. 꽃의 밑부분은 잎집 모양의 녹색 포 2개가 둘러싸고, 외화피는 3개로 맥이 있으며, 내화피는 외화피와 어긋나며 곧게 선다. 암술대는 3갈래로 갈라지고, 갈라진 조각 밑부분에 암술머리가 있으며, 수술은 암술머리 뒤에 위치한다. **열매**는 삭과로 긴 타원형이고 종자는 편평한 적갈색이다.

자생지 환경

전남 서남부 해양 지역에 분포하고, 비옥하고 습기가 많고 양지 바른 곳에서 자란다.

▲ 꽃창포_ 잎 생김새

▲ 꽃창포_ 꽃

▲ 꽃창포_ 열매

79 범부채

붓꽃과

- 학명 : *Belamcanda chinensis* (L.) DC.
- 초본 : 다년초
- 구분 : 희귀(취약종, VU)
- 분포 : 전남 장성
- 개화 · 결실

1	2	3	4	5	6	7	8	9	10	11	12
						❀		🍎			

▲ 범부채_ 자생지

형태 생장특성 여러해살이풀로 **뿌리줄기**는 옆으로 짧게 뻗고, 줄기는 곧게 서며 윗부분에서 가지를 낸다. **잎**은 어긋나며 좌우로 납작하고 칼 모양으로 끝이 뾰족하며 흰빛을 띤 녹색으로 밑동이 줄기를 감싼다. **꽃**은 7~8월에 황적색으로 피며 바탕에 짙은 반점이 있다. 원줄기 끝과 가지 끝이 1~2회 갈라져 한 군데에 몇 개의 꽃이 달린다. 수술은 3개, 암술대는 3갈래로 갈라지고, 꽃잎은 6장이며, 포는 좁은 난형으로 막질이다. **열매**는 삭과로 도란상 타원형이며 9~10월에 익는다.

자생지 환경 전남 내륙 지역에 분포하며, 물빠짐이 좋은 양지 혹은 반그늘의 풀숲에서 자란다.

▲ 범부채_ 잎 생김새

▲ 범부채_ 꽃

▲ 범부채_ 열매(미성숙)

▲ 범부채_ 열매

80 나도생강

닭의장풀과

- 학명 : *Pollia japonica* Thunb.
- 초본 : 다년초
- 구분 : 희귀(취약종, VU)
- 분포 : 전남 여수, 완도, 진도
- 개화 · 결실

1	2	3	4	5	6	7	8	9	10	11	12
						✿		🍎			

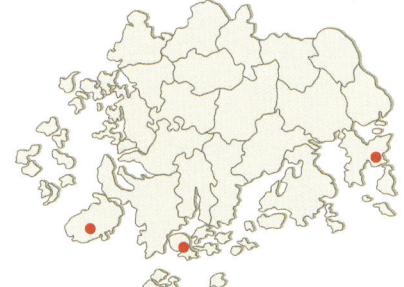

▲ 나도생강_ 자생지

형태·생장특성

여러해살이풀로 **줄기**는 높이 30~80㎝에 달하고 곧게 선다. 뿌리줄기는 가늘고 길며 옆으로 벋으며 각 마디에서 수염뿌리가 나온다. **잎**은 10개 내외가 밑부분으로 원줄기를 감싸면서 어긋나고 양 끝이 뾰족하고 표면은 거칠며 뒷면에 때로 잔털이 있다. **꽃**은 단성화로 7~8월에 흰색으로 피고 줄기 끝에 5~6층으로 돌려나는데, 전체적으로 원뿔 모양의 취산꽃차례를 이룬다. 꽃잎과 꽃받침 조각은 각각 3개이고 수꽃의 수술은 6개, 암꽃의 암술대는 길게 나온다. **열매**는 삭과로 둥글고 남자색으로 익는다.

자생지 환경

남쪽 섬의 숲 속에서 자라며, 교목림이 어느 정도 발달하고 공중 습도가 높고 약간 햇볕이 드는 지역에서 다른 초본·관목류와 공존한다. 부식질이 많은 비옥한 토양에서 잘 자란다.

▲ 나도생강_ 지상부

▲ 나도생강_ 잎 생김새

▲ 나도생강_ 꽃

▲ 나도생강_ 열매

81 두루미천남성

천남성과

- 학명 : *Arisaema heterophyllum* Blume
- 초본 : 다년초
- 구분 : 희귀(약관심종, LC)
- 분포 : 전남 여수, 고흥, 완도
- 개화 · 결실

1	2	3	4	5	6	7	8	9	10	11	12
				🌸		🍎					

▲ 두루미천남성_ 자생지

형태 생장특성

여러해살이풀로 **줄기**는 높이 50㎝로 원기둥 모양의 헛줄기가 서고, 편평한 구형의 알줄기 위에 작은 알줄기가 붙는다. **잎**은 헛줄기 끝에서 긴 타원형으로 1개가 나오며 잎자루가 길고, 잎몸은 7~11개의 새의 발 모양으로 갈라지며 끝이 뾰족하다. **꽃**은 이가화로 5~6월에 피고 육수꽃차례를 이룬다. 수꽃이삭은 작은 수꽃이 많이 붙어 있으며, 암꽃이삭은 여러 개의 작은 씨방으로 된 암꽃이 모여 있다. **열매**는 장과로 7~8월에 붉게 익는다.

자생지 환경

전남 남쪽 섬 지역의 산지 풀밭에서 자란다. 양지쪽의 바람이 잘 통하고 비옥한 토양에서 집단적으로 생육하는 특성을 나타낸다.

▲ 두루미천남성_ 지상부

▲ 두루미천남성_ 꽃

▲ 두루미천남성_ 열매

▲ 두루미천남성_ 뿌리

82 창포
[천남성과]

- 학명 : *Acorus calamus* L.
- 초본 : 다년초/수생식물
- 구분 : 희귀(약관심종, LC)
- 분포 : 전남 나주, 화순
- 개화 · 결실

1	2	3	4	5	6	7	8	9	10	11	12
					❀	🍑					

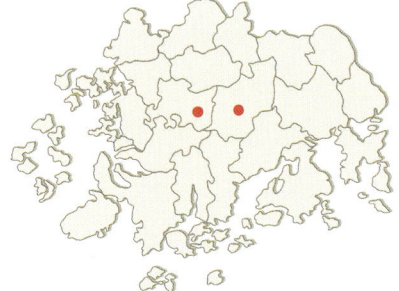

▲ 창포_ 자생지

형태 생장특성

여러해살이 수생식물로 높이 30㎝ 내외이다. **뿌리줄기**는 옆으로 길게 자라며 육질로 마디가 많고 밑부분에서 수염뿌리가 돋는데, 줄기와 더불어 독특한 향기가 난다. **잎**은 뿌리줄기에서 모여나고 짙은 녹색으로 서로 마주 얼싸안으며 주맥이 다소 굵다. **꽃**은 양성화로 6~7월에 연한 황록색으로 피고 꽃줄기 위쪽에 이삭꽃차례로 비스듬히 달린다. 꽃줄기는 잎과 비슷하며, 꽃받침 조각은 도란형으로 6개, 수술도 6개이다. 꽃밥은 노란색이고, 씨방은 둥근 타원형이다. **열매**는 장과로 긴 타원형이며 7~8월에 붉게 익는다.

자생지 환경

산지의 약간 그늘진 계곡 물가 또는 햇볕이 잘 드는 얕은 연못이나 습지에서 자란다. 비교적 깨끗한 물이 흐르고 수질이 양호한 지역에서 잘 자란다.

▲ 창포_ 지상부

▲ 창포_ 꽃

▲ 창포_ 줄기

▲ 창포_ 열매

83 흑삼릉 |흑삼릉과|

- 학명 : *Sparganium erectum* L.
- 초본 : 다년초/수생식물
- 구분 : 희귀(취약종, VU)
- 분포 : 전남 나주, 화순, 무안
- 개화 · 결실

1	2	3	4	5	6	7	8	9	10	11	12
					❀			🍑			

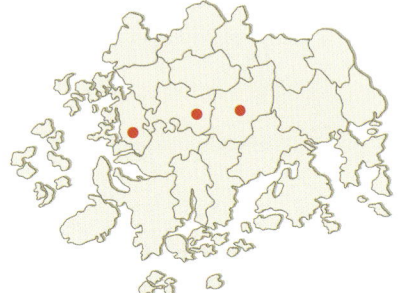

▲ 흑삼릉_ 자생지

형태·생장특성

여러해살이 수생식물로 **줄기**는 옆으로 뻗고 기는 줄기가 있으며 원줄기는 높이 70~100㎝ 정도로 곧게 선다. **잎**은 모여나며 서로 감싸면서 자라고 원줄기보다 길어진다. 잎몸은 선형이며 녹색이고 끝이 뭉뚝하다. **꽃**은 6~7월에 흰색으로 피고 두상꽃차례가 총상꽃차례 모양으로 달린다. 꽃줄기는 잎 사이에서 나와 곧게 자라고 윗부분이 갈라진다. 암꽃이삭은 가지 밑부분에 달리고, 수꽃이삭은 줄기 위에 달린다. **열매**는 구과로 도란형이며 9월에 익는다.

자생지 환경

깨끗한 연못이나 도랑에 자라며, 다른 부엽이나 정수식물과 공존한다.

▲ 흑삼릉_ 지상부

▲ 흑삼릉_ 꽃

▲ 흑삼릉_ 열매

| 난초과 |

84 광릉요강꽃

- 학명 : *Platanthera japonica* (Thunb.) Lindl.
- 초본 : 다년초
- 구분 : 희귀(멸종위기식물, CR)
- 분포 : 전남 광양
- 개화 · 결실

1	2	3	4	5	6	7	8	9	10	11	12
			✿					🍎			

▲ 광릉요강꽃_ 자생지

형태 생장특성

여러해살이풀로 **줄기**는 높이 20~40㎝로 곧게 자라고 털이 있으며, 밑부분은 3~4개의 초상엽으로 싸이고 윗부분은 2개의 큰 잎이 마주난 것처럼 밑줄기를 싸고 있다. **잎**은 줄기 윗부분에 붙고 지름 10~22㎝로 방사상 맥이 있으며 뒷면에 털이 있다. **꽃**은 4~5월에 연한 녹색이 도는 붉은 꽃이 원줄기 끝에서 1개가 밑을 향해 달리며, 꽃자루는 높이 15㎝ 정도로 털이 많고 윗부분에 잎 같은 포가 1개 달린다. 위꽃받침잎은 긴 타원형이고, 옆꽃받침잎은 붙었으며 위꽃받침잎보다 너비가 약간 넓고 끝이 2개로 갈라진다. 꽃잎은 위꽃받침잎과 비슷하고, 입술꽃잎은 주머니 같으며 흰 바탕에 붉은빛을 띤 자주색의 맥이 있다.

자생지 환경

남부 지방의 해발 500m 정도 산허리의 반그늘 비탈면에서 발견된다. 배수가 잘되며 어느 정도 습기가 있는 토양과 암석이 분포하는 곳의 돌 틈 사이에서 자란다. 유기물이 풍부한 지역에서 잘 자란다.

▲ 광릉요강꽃_ 지상부(ⓒ손성원)

▲ 광릉요강꽃_ 무리

▲ 광릉요강꽃_ 줄기

▲ 광릉요강꽃_ 열매

85 복주머니란 | 난초과

- 학명 : *Cypripedium macranthon* Sw.
- 초본 : 다년초
- 구분 : 희귀(멸종위기식물, CR)
- 분포 : 전남 구례
- 개화 · 결실

1	2	3	4	5	6	7	8	9	10	11	12
				✿		🍑					

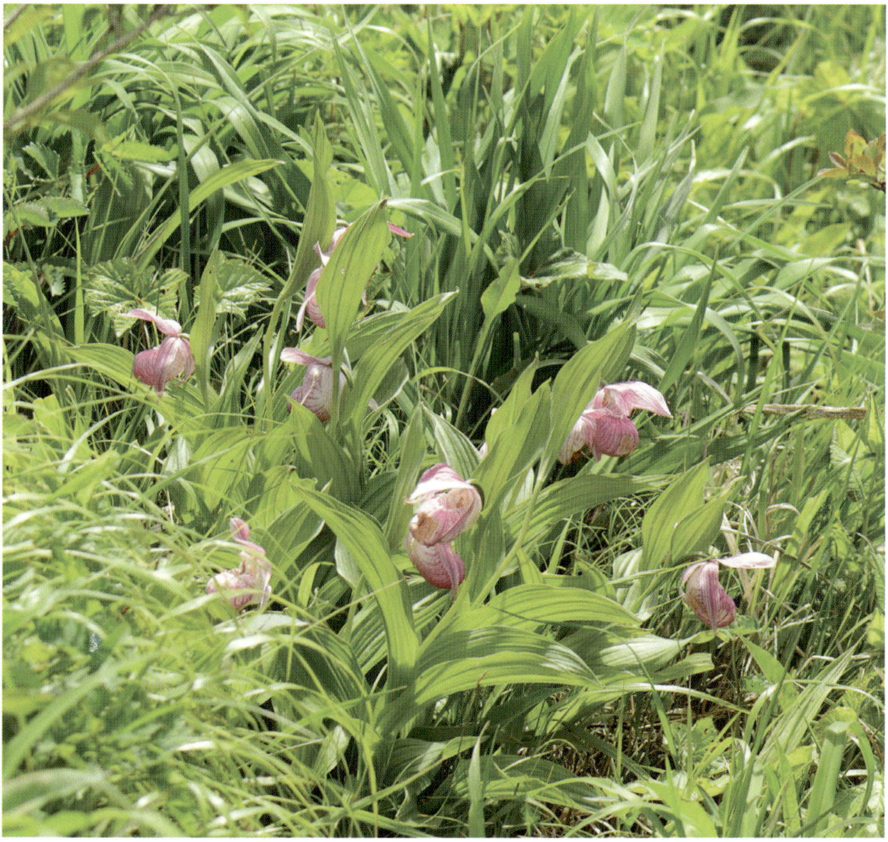

▲ 복주머니란_ 자생지

형태 생장특성

여러해살이풀로 **줄기**는 높이 20~40㎝로 곧게 서고 다세포의 털이 있다. **뿌리줄기**는 옆으로 뻗으며 마디에서 뿌리를 내린다. **잎**은 타원형으로 3~5개가 어긋나고 길이 8~20㎝, 너비 5~8㎝로 털이 약간 있고 밑부분은 잎집이 된다. **꽃**은 5~6월에 길이 4~6㎝의 붉은 자줏빛으로 줄기 끝에 1송이씩 달린다. 상부의 꽃받침 조각은 난형이며 길이 4~5㎝로 끝이 뾰족하고, 하부의 꽃받침 조각은 서로 붙어 있으며 끝이 2개로 갈라진다. 꽃잎 중에서 2개는 난상 피침형이며 끝이 뾰족하고 안쪽 밑부분에 털이 약간 있으며, 입술꽃잎은 길이 3.5~5㎝, 큰 주머니 모양으로 안쪽에 긴 털이 산재한다. **열매**는 삭과로 7~8월에 열린다.

자생지 환경

지리산 노고단 등 높은 곳의 초지대에서 자란다. 햇볕이 잘 들고 바람이 잘 통하며 습도가 있고 비교적 비옥한 토양에서 생육한다.

▲ 복주머니란_ 지상부

▲ 복주머니란_ 꽃

▲ 복주머니란_ 열매

86 으름난초

난초과

- 학명 : *Galeola septentrionalis* Rchb.f.
- 초본 : 다년초/부생식물
- 구분 : 희귀(멸종위기식물, CR)
- 분포 : 전남 신안, 광주광역시
- 개화 · 결실

1	2	3	4	5	6	7	8	9	10	11	12
					❀				🍎		

▲ 으름난초_ 자생지

형태 생장특성

여러해살이 부생식물로 **줄기**는 높이 50~100㎝로 곧게 서며 육질이고 윗부분에서 가지가 갈라지며 갈색 털이 난다. **뿌리**는 옆으로 길게 뻗고 비늘잎이 달리며 뿌리 속에 균사가 들어 있다. **잎**은 비늘 같은 삼각형으로 뒷면이 부풀어 있다. **꽃**은 6~7월에 황갈색으로 피고 복총상꽃차례로 달리며, 씨방과 꽃받침 뒷면에 갈색 털이 있다. 꽃받침 조각은 길이 15~20㎜, 너비 4~6㎜로 긴 타원형이고, 꽃잎은 꽃받침 조각과 비슷하며 짧고 털이 없다. 입술꽃잎은 황색의 육질이고 넓은 난형으로 끝이 둥글거나 둔하고 안쪽에 돌기가 있는 줄이 있으며 가장자리가 잘게 갈라진다. **열매**는 삭과로 긴 타원형이며 육질이고 종자는 날개가 있다.

자생지 환경

전남 내륙 지역 및 해안가에 분포한다. 햇볕이 어느 정도 들고 공중습도가 높은 지역의 그늘진 곳에서 잘 자란다.

▲ 으름난초_ 꽃봉오리

▲ 으름난초_ 꽃

▲ 으름난초_ 열매

▲ 으름난초_ 열매 속

난초과

87 큰방울새란

- 학명 : *Pogonia japonica* Rchb.f.
- 초본 : 다년초
- 구분 : 희귀(취약종, VU)
- 분포 : 전남 완도
- 개화 · 결실

1	2	3	4	5	6	7	8	9	10	11	12
					✿				🍑		

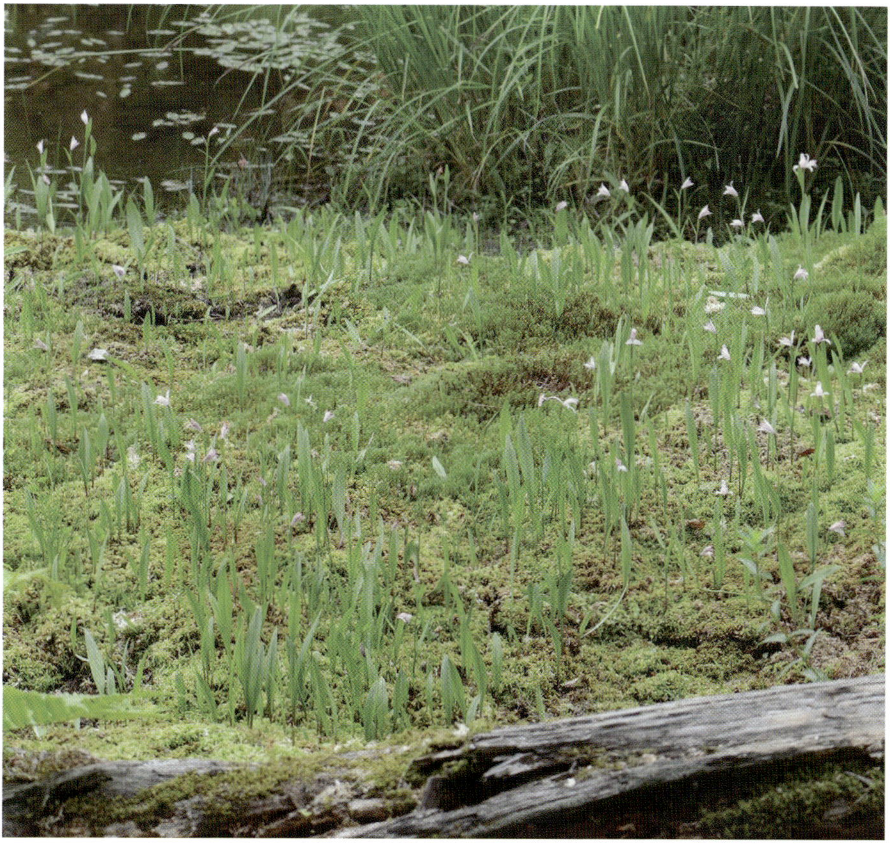

▲ 큰방울새란_ 자생지

형태 생장특성

여러해살이풀로 **줄기**는 높이 15~30㎝로 곧게 선다. **잎**은 길이 4~10㎝, 너비 0.7~12㎝로 가장자리가 밋밋하고 둔하며 밑부분이 좁아지며 원줄기에 달리고 날개 같고 긴 타원형이다. **꽃**은 6~7월에 홍자색으로 피며 원줄기 끝에 1개가 달린다. 포는 보통 씨방보다 길다. 꽃받침 조각 윗부분은 긴 타원상의 거꾸로 된 피침형이며 끝이 둔하고, 옆부분은 너비가 다소 좁으며 윗부분과 길이가 비슷하다. 꽃잎은 긴 타원형으로 끝이 둔하고 꽃받침보다 다소 짧다. 입술꽃잎은 안쪽과 가장자리에 육질의 돌기가 있다. **열매**는 삭과로 10월경에 달리며 먼지 같은 종자가 많이 들어 있다.

자생지 환경

남부 지역의 햇볕이 잘 들고 통풍이 잘되는 경사지의 습한 풀밭에서 자란다. 유기물이 풍부하면서 수분을 비교적 오랫동안 보유할 수 있는 산성 토양에서 잘 자란다.

▲ 큰방울새란_ 꽃봉오리

▲ 큰방울새란_ 꽃

▲ 큰방울새란_ 지상부

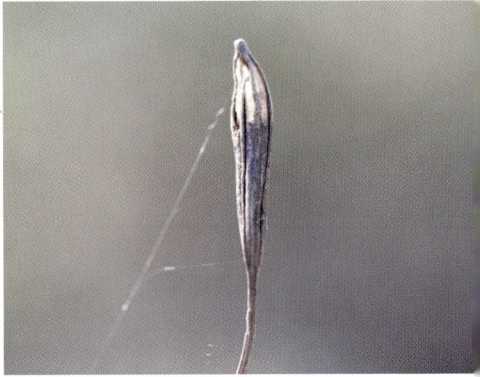
▲ 큰방울새란_ 종자

88 천마 | 난초과 |

- 학명 : *Gastrodia elata* Blume
- 초본 : 다년초/기생식물
- 구분 : 희귀(취약종, VU)
- 분포 : 전남 고흥, 영암
- 개화 · 결실

1	2	3	4	5	6	7	8	9	10	11	12
					❀			🍊			

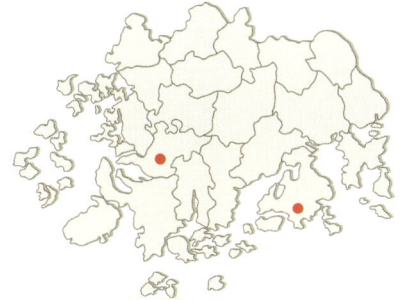

▲ 천마_ 자생지

형태 생장 특성

여러해살이 기생식물로 줄기는 원기둥 모양이고 곧게 서며 털이 없다. 덩이줄기는 비대한 긴 타원형이고 가로로 뻗는다. 잎은 보통 없고 잎집 같은 잎은 막질이며 잔맥이 있고 밑부분이 줄기를 둘러싼다. 꽃은 6~7월에 피고 황갈색이며 총상꽃차례를 이룬다. 포는 피침형 또는 선상 긴 타원형으로 잔맥이 있다. 외화피 3개는 합쳐져 표면이 부풀기 때문에 찌그러진 짧은 가지처럼 보이고 윗부분이 3개로 갈라지며 안쪽에 2개의 내화피가 달려 윗부분이 5개로 갈라진 것처럼 보인다. 입술꽃잎은 갈라진 화피 조각 가장자리에 약간 나타난다. 암술은 2개의 날개가 있고 밑부분 앞쪽에 암술머리가 있으며, 화분괴에 대가 없다. 열매는 삭과로 도란형이며 겉에 화피가 남아 있다.

자생지 환경

남부 지역의 산지 또는 도서 지역의 관목과 초본층이 발달한 깊은 산속 낙엽이 쌓여 부식질이 많은 계곡의 숲 속에서 자란다. 배수가 잘되는 비옥한 토양에서 잘 자란다.

▲ 천마_ 지상부

▲ 천마_ 꽃대

▲ 천마_ 꽃

▲ 천마_ 열매

▲ 천마_ 뿌리

89 사철란

난초과

- 학명 : *Goodyera schlechtendaliana* Rchb.f.
- 초본 : 다년초
- 구분 : 희귀(약관심종, LC)
- 분포 : 전남 완도, 신안
- 개화 · 결실

1	2	3	4	5	6	7	8	9	10	11	12
							❀		🍎		

▲ 사철란_ 자생지

형태·생장특성

상록성 여러해살이풀로 **줄기**는 높이 12~25㎝이고 밑부분은 옆으로 길고, 뿌리줄기는 마디에서 뿌리가 내린다. **잎**은 좁은 난형으로 어긋나고 길이 2~4㎝, 너비 1~2.5㎝로 표면은 짙은 녹색이고 흰색 무늬가 있다. **꽃**은 8~9월에 흰색 바탕에 붉은빛으로 피고 7~15개가 수상꽃차례로 달린다. 흔히 꽃은 한쪽으로 치우쳐 달리고 피침형의 포는 위로 향한다. 꽃받침잎은 좁은 난형이고, 꽃잎은 난형으로 짧은 털이 있다. 입술꽃잎은 꽃받침 조각과 붙어 있으며 안쪽에 털이 있다. **열매**는 삭과로 길이 8~12㎜ 정도이다.

자생지 환경

남쪽 섬의 상록활엽수가 교목층으로 분포하고 아교목층과 관목층은 비교적 빈약한 곳의 숲 속에서 자란다. 부식층이 많은 토양의 낙엽 사이에서 발견되며, 암반 사이의 유기물이 있는 곳에서도 생육한다.

▲ 사철란_ 지상부

▲ 사철란_ 잎 생김새

▲ 사철란_ 꽃

▲ 사철란_ 열매

90 자란

난초과

- 학명 : *Bletilla striata* (Thunb.) Rchb.f.
- 초본 : 다년초
- 구분 : 희귀(취약종, VU)
- 분포 : 전남 목포, 해남, 완도, 신안
- 개화 · 결실

1	2	3	4	5	6	7	8	9	10	11	12
				✿				🍎			

▲ 자란_ 자생지

형태 생장특성

여러해살이풀로 꽃대는 높이 50㎝ 정도 자란다. **줄기**는 단축되어 둥근 알뿌리가 되고 여기에 5~6개의 잎이 서로 감싸면서 줄기처럼 된다. **잎**은 길이 20~30㎝, 너비 2~5㎝로 긴 타원형이며 끝이 뾰족하다. **꽃**은 5~6월에 홍자색으로 피고 꽃줄기 끝에 6~7개가 총상으로 달리고, 포는 길이 2~3㎝로 꽃이 피기 전에 1개씩 떨어진다. 입술꽃잎은 가장자리가 약간 안쪽으로 말리고 윗부분이 3개로 갈라진다. 중앙부는 거의 둥글고 가장자리가 물결 모양으로 안쪽에 5개의 도드라진 능선이 있으며, 암술대는 높이 2㎝ 정도이다. **열매**는 긴 타원형이다.

자생지 환경

남쪽의 해안 및 도서 지방의 수목이 별로 없는 곳에 분포한다. 햇볕이 잘 들고 약간 건조한 곳에서 주로 관목류와 키 작은 초본류 등과 혼생하며 자란다.

▲ 자란_ 지상부

▲ 자란_ 꽃

▲ 자란_ 열매

91 새우난초

|난초과|

- 학명 : *Calanthe discolor* Lindl.
- 초본 : 다년초
- 구분 : 희귀(취약종, VU)
- 분포 : 전남 영암, 완도, 진도, 신안
- 개화 · 결실

1	2	3	4	5	6	7	8	9	10	11	12
			🌸				🍎				

▲ 새우난초_ 자생지

형태 생장특성

상록성 여러해살이풀로 뿌리줄기는 옆으로 뻗고 염주 모양이며 마디가 많고 잔뿌리가 돋는다. 잎은 두해살이로 첫해에는 2~3개가 뿌리에서 나와 곧게 자라지만 다음해에는 옆으로 늘어지며 긴 타원형으로 양쪽 끝이 뾰족하다. 잎 뒷면에는 잔털이 산재해 있고 평행 상태로 배열된 잎맥을 따라 많은 주름이 형성된다. 꽃은 4~5월에 잎 사이에서 나온 꽃줄기에 10개가 총상꽃차례로 달린다. 씨방과 더불어 짧은 털이 있으며, 포는 피침형이고 꽃잎은 흰색, 연한 자주색 또는 적자색이다. 입술꽃잎은 3개로 깊게 갈라지고, 갈라진 조각 중 가운데 것은 끝이 오므라지고 안쪽에 3개의 모가 난 줄이 있다. 열매는 삭과로 밑으로 처진다.

자생지 환경

남쪽 지역의 활엽수림대 하층 비옥한 숲 속 음지에서 자란다. 토양의 유기물층과 낙엽층이 풍부하고 습도가 높고 비교적 바람이 적은 곳에서 잘 자란다.

▲ 새우난초_ 잎 생김새

▲ 새우난초_ 꽃봉오리

▲ 새우난초_ 꽃

▲ 새우난초_ 종자

92 금새우난초

|난초과|

- 학명 : *Calanthe discolor* for. *sieboldii* (Decne.) Ohwi
- 초본 : 다년초
- 구분 : 희귀(멸종위기식물, CR)
- 분포 : 전남 완도, 신안
- 개화 · 결실

1	2	3	4	5	6	7	8	9	10	11	12
			✿				🍊				

▲ 금새우난초_ 자생지

형태·생장특성 상록성 여러해살이풀로 높이 40㎝ 정도이고, **뿌리줄기**는 옆으로 뻗고 염주 모양이며 마디가 많고 잔뿌리가 돋는다. **잎**은 두해살이로 첫해에는 2~3개가 뿌리에서 나와 곧게 자라지만 다음 해에는 옆으로 늘어지며 긴 타원형이고 길이 15~25㎝이며 양 끝이 좁고 주름이 있다. **꽃**은 4~5월에 황색으로 피고 꽃대 상부에 총상으로 달리며, 포는 피침형으로 길이 5~10㎜이고 건막질로 끝이 뾰족하다. 꽃받침 조각은 난상 타원형으로 길이 25~30㎜이며, 꽃잎은 꽃받침보다 다소 작다. **열매**는 삭과로 밑으로 처진다.

자생지 환경 남쪽 섬 지역의 숲 속 주로 상록활엽수림 하층 식생으로 분포한다. 공중습도가 높고 토양이 비옥한 지역의 평지 또는 약간 경사진 비탈면에서 잘 자란다.

▲ 금새우난초_ 지상부

▲ 금새우난초_ 꽃

▲ 금새우난초_ 잎 생김새

▲ 금새우난초_ 열매

93 약난초

난초과

- 학명 : *Cremastra variabilis* (Blume) Nakai ex Shibata
- 초본 : 다년초
- 구분 : 희귀(취약종, VU)
- 분포 : 해남, 영광, 장성, 완도
- 개화·결실

1	2	3	4	5	6	7	8	9	10	11	12
					🌸	🟤					

▲ 약난초_ 자생지

형태 생장특성 상록성 여러해살이풀로 꽃대 높이는 40㎝ 정도이고 줄기는 없다. 가짜 비늘줄기는 난상 원형이고 땅속으로 얕게 들어가며 옆으로 염주처럼 연결된다. **잎**은 피침형에 가까운 긴 타원형으로 밑동과 끝이 뾰족하고 길이 20㎝ 안팎이며 잎맥이 고르게 배열되어 있고 질긴 편이다. 잎 가장자리는 밋밋하고 긴 잎자루를 가지고 있다. **꽃**은 5~6월에 연한 자줏빛이 도는 갈색으로 피고 15~20개가 한쪽으로 치우쳐 밑을 향해 달린다. **열매**는 삭과로 타원형이며 대가 없고 길이 2~2.5㎝로 밑을 향한다.

자생지 환경 내장산 이남 지역과 해안 및 도서 지역 또는 상록활엽수의 하층 숲 속에서 자란다. 배수가 양호하고 비옥하며 유기물층이 발달한 습윤한 토양 조건을 가진 약간 경사진 지역에서 자란다.

▲ 약난초_ 새싹

▲ 약난초_ 지상부

▲ 약난초_ 꽃

▲ 약난초_ 종자

94. 석곡 (난초과)

- 학명 : *Dendrobium moniliforme* (L.)Sw.
- 초본 : 다년초
- 구분 : 희귀(멸종위기식물, CR)
- 분포 : 전남 목포, 고흥, 완도
- 개화·결실

1	2	3	4	5	6	7	8	9	10	11	12
					✿				🍑		

▲ 석곡_ 자생지

형태·생장특성 상록성 여러해살이풀로 줄기는 뿌리줄기로부터 여러 대가 나와 높이 20㎝ 정도로 곧게 자라고, 마디마다 잎이 나지만 오래되면 마디만 남는다. 잎은 2~3년생으로 어긋나고 피침형이며 진녹색이고 끝이 둔하며 밑부분이 잎집과 연결된다. 꽃은 5~6월에 흰색이나 분홍색으로 피고 2년을 묵은 줄기 끝에 1~2개씩 달린다. 꽃받침 조각 중 가운데 조각은 피침형이고 옆의 조각은 밑부분이 비스듬히 넓어져 꿀주머니 모양이 된다. 꽃잎은 가운데 꽃받침 조각 길이와 거의 비슷하고, 색은 변이가 많다.

자생지 환경 남쪽 지방의 섬이나 무인도에서 드물게 발견되며, 바위 겉이나 노출된 오래된 나무의 나무줄기에 붙어 자란다. 바위 절벽 사이나 바람과 햇볕이 어느 정도 있는 곳에서 잘 자란다.

▲ 석곡_ 지상부

▲ 석곡_ 꽃봉오리

▲ 석곡_ 꽃(확대)

▲ 석곡_ 꽃

94. 석곡

95 콩짜개란 |난초과|

- 학명 : *Bulbophyllum drymoglossum* Maxim. ex Okubo
- 초본 : 다년초
- 구분 : 희귀(멸종위기식물, CR)
- 분포 : 전남 신안
- 개화 · 결실

1	2	3	4	5	6	7	8	9	10	11	12
					❀				🍎		

▲ 콩짜개란_ 자생지

형태 생장특성

상록성 여러해살이풀로 줄기는 철사처럼 가늘고 2~3마디마다 1개의 잎이 달린다. 뿌리는 잎이 난 곳에서 1개씩 내린다. 잎은 어긋나고 도란형으로 길이 7~13㎜, 너비 5~10㎜이며 끝은 둥글고 밑은 좁아져 뾰족해지며 육질로 맥이 불분명하고 얼핏 보기에 콩짜개덩굴 같다. 꽃은 6~7월에 연한 황색, 드물게 암홍색으로 피고 꽃대 끝에 1개가 달린다. 포는 난형으로 끝이 둔하고 막질이다. 꽃받침 조각은 넓은 피침형으로 길이 7~8㎜ 정도이고 끝이 뾰족하며, 꽃잎은 긴 타원형으로 꽃받침 길이의 1/3 정도이다. 입술꽃잎은 난상 피침형으로 밖으로 만곡한다. 열매는 삭과로 도란형이다.

자생지 환경

남쪽 섬 지역의 상록활엽수가 교목층으로 분포하고 습도가 높은 산지의 나무나 바위에 착생하여 자란다.

▲ 콩짜개란_ 잎 생김새

▲ 콩짜개란_ 꽃

96 혹난초

난초과

- 학명 : *Bulbophyllum inconspicuum* Maxim.
- 초본 : 다년초
- 구분 : 희귀(위기종, EN)
- 분포 : 전남 완도, 진도, 신안
- 개화 · 결실

1	2	3	4	5	6	7	8	9	10	11	12
					✿				🍑		

▲ 혹난초_ 자생지

형태 생장특성

상록성 여러해살이풀로 가늘고 길게 뻗어나가는 뿌리줄기가 있으며, 뿌리줄기의 곳곳에 보리쌀과 같이 생긴 가짜 덩이줄기가 생겨난다. 잎은 육질이며 두껍고 긴 타원형으로 끝이 둥글거나 오목하고 주맥이 뚜렷하며 길이 1~3.5㎝, 너비 6~8㎜로 7~9맥이 있다. 꽃은 6~7월에 황백색으로 피고 가짜 덩이줄기 기부에서 나온 꽃대 끝에 1~3개가 달린다. 포는 긴 타원형으로 길이 약 2㎜이고 얇은 막질이다. 꽃받침 조각은 난상 타원형이고, 꽃잎은 중앙부의 꽃받침과 거의 같고 가장자리에 털이 있다. 입술꽃잎은 난형으로 두껍고 암술대 기부에서 나온 돌기 끝에 달리며 윗부분이 젖혀진다. 열매는 삭과로 도란형이고 길이 약 7㎜이다.

자생지 환경

남쪽 섬 지역의 상록활엽수가 교목층으로 분포하고 공중습도가 높은 지역의 응달진 바위나 오래된 나무줄기에 붙어 자란다.

▲ 혹난초_ 지상부

▲ 혹난초_ 꽃

▲ 혹난초_ 열매

97 대흥란 | 난초과 |

- 학명 : *Cymbidium macrorrhizum* Lindl.
- 초본 : 다년초/부생식물
- 구분 : 희귀(위기종, EN)
- 분포 : 전남 해남, 영광, 완도
- 개화 · 결실

1	2	3	4	5	6	7	8	9	10	11	12
							✿		🍊		

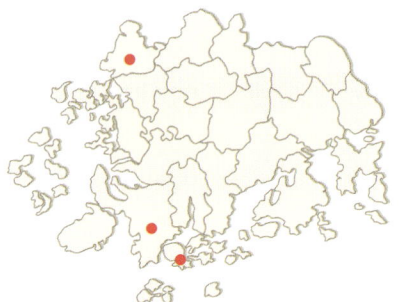

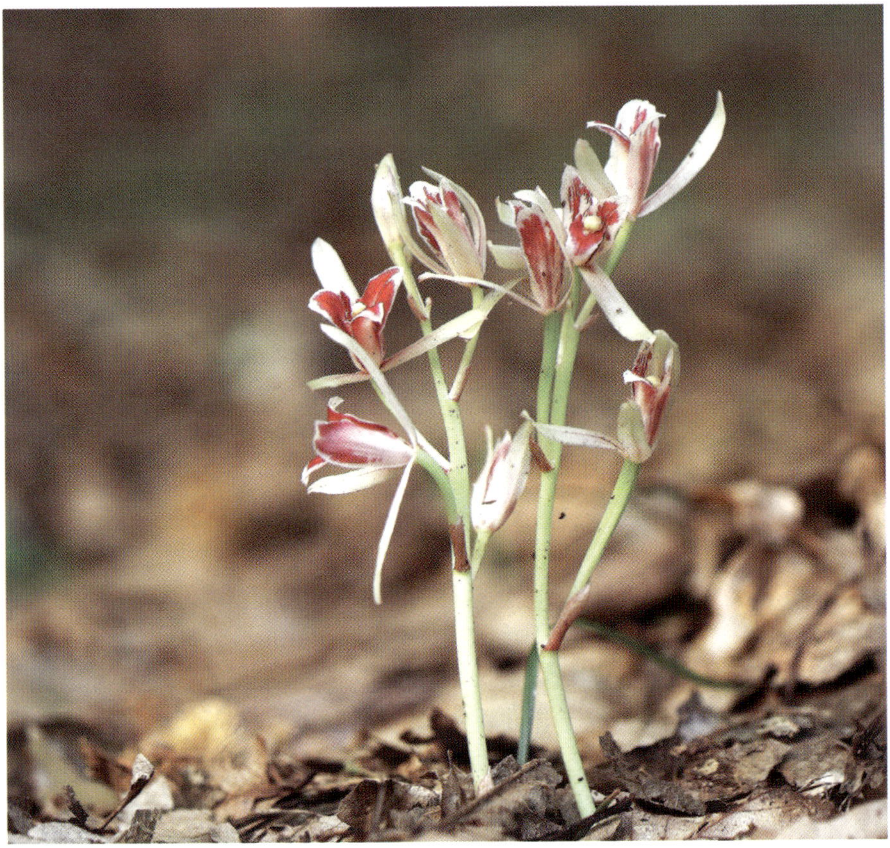

▲ 대흥란_ 자생지

형태·생장특성 여러해살이 부생식물로 높이 10~30㎝이다. 뿌리줄기 끝에서 꽃대가 곧게 서고 약간의 털이 있으며 하부에 기부가 짧은 잎집으로 된 막질의 비늘잎이 드문드문 난다. 꽃은 7~8월에 피고 흰색으로 홍자색을 띠며 2~6개가 성글게 달린다. 포는 막질로 길이 5~10㎜이며 끝이 뾰족하다. 꽃받침 조각은 도란형으로 길이 2㎝, 너비 3~4㎜이고 끝이 까락같이 뾰족하다. 꽃잎은 긴 타원형으로 꽃받침보다 짧다. 입술꽃잎은 쐐기 모양으로 길이 약 15㎜이고 가볍게 뒤로 젖혀지며 중앙 하부가 약간 잘록하고 2개의 도드라진 능선이 있으며 끝은 잔물결 모양이다.

자생지 환경 상록활엽수가 분포하는 숲 속의 음지에서 자란다. 토양의 부식층이 깊고 유기물층이 풍부한 지역에서 드물게 서식한다.

▲ 대흥란_ 꽃봉오리

▲ 대흥란_ 꽃

▲ 대흥란_ 열매

98 지네발란

[난초과]

- 학명 : *Sarcanthus scolopendrifolius* Makino
- 초본 : 다년초/착생식물
- 구분 : 희귀(멸종위기식물, CR)
- 분포 : 전남 목포, 나주, 고흥, 완도
- 개화 · 결실

1	2	3	4	5	6	7	8	9	10	11	12
					✿				🍎		

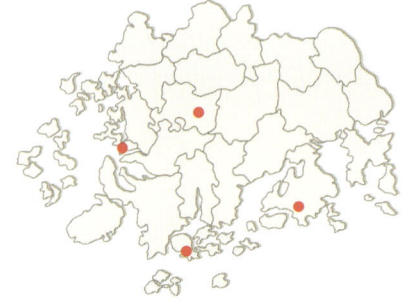

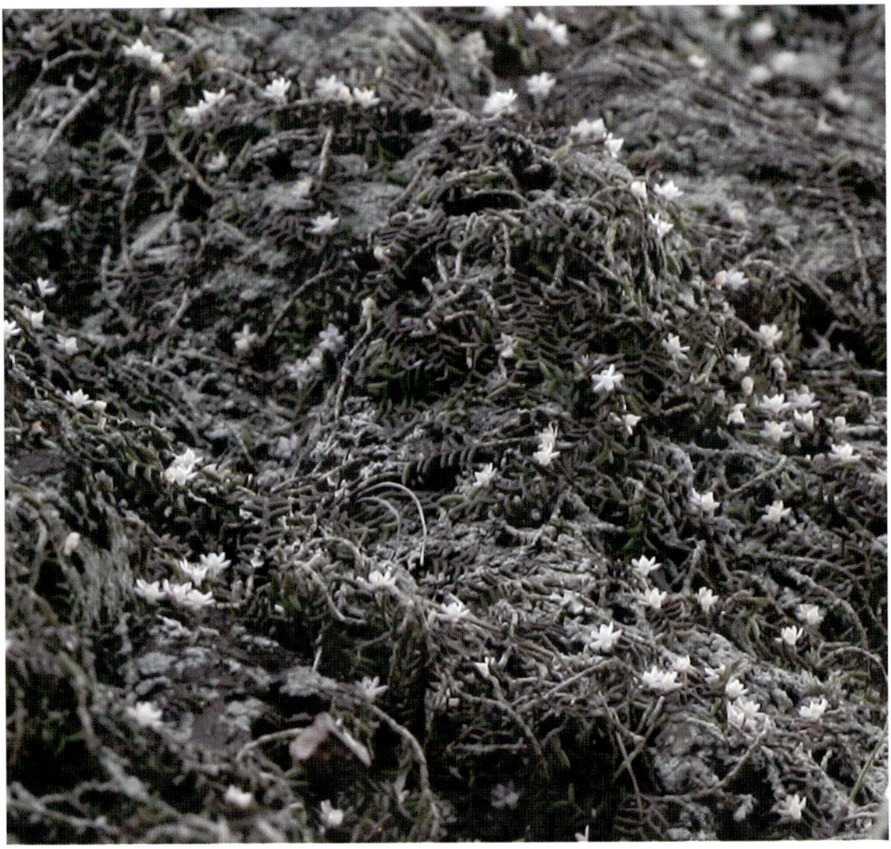

▲ 지네발란_ 자생지

형태 생장특성

상록성 여러해살이 착생식물이다. 줄기는 딱딱하고 가늘며 느슨하게 가지가 갈라진다. 잎은 2열로 어긋나고 칼 모양의 피침형으로 길이 6~10㎜이며 끝이 둔하고 가죽질로 두꺼우며 표면에 홈이 있다. 꽃은 6~7월에 연한 붉은색으로 피는데, 잎집을 헤치고 나오는 꽃대 끝에 1개가 달린다. 꽃받침 조각은 긴 타원형이고 끝이 둔하며, 꽃잎은 꽃받침과 비슷하고 다소 짧으며 옆으로 퍼진다. 입술꽃잎은 꿀주머니가 있고 3갈래로 갈라지며, 옆 갈래 조각은 귀처럼 생기고 가운데 갈래 조각은 세모진 달걀 모양으로서 끝이 뭉툭하고 희다. 열매는 삭과로 곤봉 모양이다.

자생지 환경

남부 지역의 산지나 해안 지역의 건조해지기 쉬운 곳에 분포하며, 수직으로 깎인 건조한 바위나 나무껍질에 붙어 드물게 자란다.

▲ 지네발란_ 지상부

▲ 지네발란_ 꽃

▲ 지네발란_ 열매

99 풍란 | 난초과 |

- 학명 : *Neofinetia falcata* (Thunb.) Hu
- 초본 : 다년초/착생식물
- 구분 : 희귀(멸종위기식물, CR)
- 분포 : 전남 여수, 신안
- 개화 · 결실

1	2	3	4	5	6	7	8	9	10	11	12
						❀			🍑		

▲ 풍란_ 자생지

형태 생장특성

상록성 여러해살이 착생식물이다. 줄기는 짧고 두껍고 구부러지며, 단면이 V자형인 수 개의 잎이 좌우에서 난다. 잎은 길이 5~10㎝, 너비 약 0.7㎝로 가늘고 길며 짧은 마디에서 2줄로 어긋나게 달리고 활처럼 아래로 굽어 있다. 꽃은 7월에 순백색으로 피고 3~5개가 총상으로 달린다. 꽃자루는 밑부분의 잎집 사이에서 나와서 길이 3~10㎝ 자란다. 꽃받침 조각 3개와 2개의 꽃잎은 선상 피침형이며 길이 1㎝ 정도이고 끝이 둔하다. 입술꽃잎은 육질이고 3개로 얕게 갈라진다. 꿀주머니는 선형으로 길이 4㎝ 정도로 굽어 있다. 열매는 삭과로 10월에 열린다.

자생지 환경

남부 지방의 먼 섬 또는 무인도에 분포한다. 바람이 잘 통하고 햇볕이 어느 정도 들어오는 암벽 사이의 바위틈에서 오래된 나무의 줄기에 붙어 자란다.

▲ 풍란_ 잎 생김새

▲ 풍란_ 꽃봉오리

▲ 풍란_ 꽃

▲ 풍란_ 열매

100 나도풍란

난초과

- 학명 : *Aerides japonicum* Rchb.f.
- 초본 : 다년초/착생식물
- 구분 : 희귀(멸종위기식물, CR)
- 분포 : 전남 신안
- 개화 · 결실

1	2	3	4	5	6	7	8	9	10	11	12
						❀			🍑		

▲ 나도풍란_ 자생지

형태 생장특성

상록성 여러해살이 착생식물로 줄기는 반다속과 유사하나 짧고 연약해 옆으로 비스듬히 누워 자라고, 뿌리는 공기 중에 노출된 기근이다. 잎은 3~5개가 2줄로 달려 마주 자라며 두껍고 긴 타원형이고 길이 8~15㎝, 너비 1.5~2.5㎝로 표면에 광택이 있고 주맥은 들어가며 끝은 둔하거나 오목하다. 꽃은 6~8월에 피고 연한 녹백색으로 뿌리에서 바로 나온 길이 5~12㎝의 꽃줄기 끝에 4~10개가 총상꽃차례로 달린다. 포는 달걀 모양이고 끝이 둔하며, 꽃받침 조각은 길이 11~13㎜로 긴 타원형이며 끝이 둔하다. 꽃잎은 꽃받침보다 짧고, 입술꽃잎은 꽃받침과 길이가 비슷하며 3개로 갈라지는데, 모두 연한 붉은색의 반점이 있고 바깥쪽 갈래 조각은 작고 가운데 갈래 조각은 쐐기꼴이다. 열매는 타원형 또는 곤봉 모양이다.

자생지 환경

전남 신안에 분포하며, 공중습도가 높고 교목류 상록활엽수가 밀집한 지역의 습윤한 암석이나 상록활엽수의 나무줄기 표면에 붙어서 자란다.

▲ 나도풍란_ 지상부

▲ 나도풍란_ 꽃

부 록

한국의 희귀식물
·
남부 지역의 희귀·특산식물
·
국명으로 찾아보기
·
학명으로 찾아보기

부록 1_ 한국의 희귀식물

환경부 멸종위기 야생식물

▶ **I급(9종)**

1. 광릉요강꽃 *Cypripedium japonicum* Thunb.
2. 나도풍란 *Aerides japonicum* Rchb.f.
3. 만년콩 *Euchresta japonica* Regel
4. 섬개야광나무 *Cotoneaster wilsonii* Nakai
5. 암매 *Diapensia lapponica* var. *obovata* F.Schmidt
6. 죽백란 *Cymbidium lancifolium* Hook.
7. 털복주머니란 *Cypripedium guttatum* var. *koreanum* Nakai
8. 풍란 *Neofinetia falcata* (Thunb.) Hu
9. 한란 *Cymbidium kanran* Makino

▶ **II급(68종)**

1. 가시연꽃 *Euryale ferox* Salisb.
2. 가시오갈피나무 *Eleutherococcus senticosus* (Rupr. & Maxim.) Maxim.
3. 각시수련 *Nymphaea tetragona* var. *minima* (Nakai) W.T.Lee
4. 개가시나무 *Quercus gilva* Blume
5. 개병풍 *Astilboides tabularis* (Hemsl.) Engl.
6. 갯봄맞이꽃 *Glaux maritima* var. *obtusifolia* Fernald
7. 구름병아리난초 *Gymnadenia cucullata* (L.) Rich.
8. 금자란 *Saccolabium matsuran* (Makino) Schltr.
9. 기생꽃 *Trientalis europaea* var. *arctica* (Fisch.) Ledeb.
10. 끈끈이귀개 *Drosera peltata* var. *nipponica* (Masam.) Ohwi
11. 나도승마 *Kirengeshoma koreana* Nakai

12. 날개하늘나리 *Lilium dauricum* Ker-Gawl.

13. 넓은잎제비꽃 *Viola mirabilis* L.

14. 노랑만병초 *Rhododendron aureum* Georgi

15. 노랑붓꽃 *Iris koreana* Nakai

16. 단양쑥부쟁이 *Aster altaicus* var. *uchiyamae* Kitam.

17. 닻꽃 *Halenia corniculata* (L.) Cornaz

18. 대성쓴풀 *Anagallidium dichotomum* (L.) Griseb.

19. 대청부채 *Iris dichotoma* Pall.

20. 대흥란 *Cymbidium macrorrhizum* Lindl.

21. 독미나리 *Cicuta virosa* L.

22. 매화마름 *Ranunculus kazusensis* Makino

23. 무주나무 *Lasianthus japonicus* Miq.

24. 물고사리 *Ceratopteris thalictroides* (L.) Brongn.

25. 미선나무 *Abeliophyllum distichum* Nakai

26. 백부자 *Aconitum coreanum* (H. Lév.) Rapaics

27. 백양더부살이 *Orobanche filicicola* Nakai

28. 백운란 *Vexillabium yakushimensis* (Yaman.) F. Maek.

29. 복주머니란 *Cypripedium macranthos* Sw.

30. 분홍장구채 *Silene capitata* Kom.

31. 비자란 *Sarcochilus japonicus* (Rchb. f.) Miq.

32. 산작약 *Paeonia obovata* Maxim.

33. 삼백초 *Saururus chinensis* (Lour.) Baill.

34. 서울개발나물 *Pterygopleurum neurophyllum* (Maxim.) Kitag.

35. 석곡 *Dendrobium moniliforme* (L.) Sw.

36. 선제비꽃 *Viola raddeana* Regel

37. 섬시호 *Bupleurum latissimum* Nakai

38. 섬현삼 *Scrophularia takesimensis* Nakai

39. 세뿔투구꽃 *Aconitum austrokoreense* Koidz.

40. 솔붓꽃 *Iris ruthenica* Ker-Gawl.

41. 솔잎란 *Psilotum nudum* (L.) P. Beauv.

42. 순채 *Brasenia schreberi* J. F. Gmelin
43. 애기송이풀 *Pedicularis ishidoyana* Koidz. & Ohwi
44. 연잎꿩의다리 *Thalictrum coreanum* H. Lév.
45. 왕제비꽃 *Viola websteri* Hemsl.
46. 으름난초 *Galeola septentrionalis* Rchb.f.
47. 자주땅귀개 *Utricularia yakusimensis* Masam.
48. 전주물꼬리풀 *Dysophylla yatabeana* Makino
49. 제비동자꽃 *Lychnis wilfordii* (Regel) Maxim.
50. 제비붓꽃 *Iris laevigata* Fisch.
51. 제주고사리삼 *Mankyua chejuense* B.Y. Sun et al.
52. 조름나물 *Menyanthes trifoliata* L.
53. 죽절초 *Sarcandra glabra* (Thunb.) Nakai
54. 지네발란 *Sarcanthus scolopendrifolius* Makino
55. 진노랑상사화 *Lycoris chinensis* var. *sinuolata* K. H. Tae & S. C. Ko
56. 차걸이란 *Oberonia japonica* (Maxim.) Makino
57. 초령목 *Michelia compressa* (Maxim.) Sarg.
58. 층층둥굴레 *Polygonatum stenophyllum* Maxim.
59. 칠보치마 *Metanarthecium luteoviride* Maxim.
60. 콩짜개란 *Bulbophyllum drymoglossum* Maxim. ex Okub.
61. 큰바늘꽃 *Epilobium hirsutum* L.
62. 탐라란 *Saccolabium japonicus* (Makino) Schltr.
63. 파초일엽 *Asplenium antiquum* Makino
64. 한라솜다리 *Leontopodium hallaisanense* Hand.-Mazz.
65. 한라송이풀 *Pedicularis hallaisanensis* Hurus.
66. 해오라비난초 *Habenaria radiata* (Thunb.) Spreng.
67. 홍월귤 *Arctous ruber* (Rehder & E.H.Wilson) Nakai
68. 황근 *Hibiscus hamabo* Siebold & Zucc.

한국 희귀식물 목록[IUCN 평가 기준]

▶ 야생멸종_EW(Extinct in the Wild)

1. 다시마고사리삼 *Ophioglossum pendulum* L.
2. 무등풀 *Scleria mutoensis* Nakai
3. 벌레먹이말 *Aldrovanda vesiculosa* L.
4. 파초일엽 *Asplenium antiquum* Makino

▶ 멸종위기종_CR(Critically Endangered)

1. 각시수련 *Nymphaea tetragona* var. *minima* (Nakai) W.T.Lee
2. 개정향풀 *Trachomitum lancifolium* (Russanov) Pobed.
3. 거문도닥나무 *Wikstroemia ganpi* (Siebold & Zucc.) Maxim.
4. 거제물봉선 *Impatiens koreana* (Nakai) B.U.Oh
5. 검은별고사리 *Thelypteris interrupta* (Willd.) K.Iwats.
6. 광릉요강꽃 *Cypripedium japonicum* Thunb.
7. 구름병아리난초 *Gymnadenia cucullata* (L.) Rich.
8. 구름송이풀 *Pedicularis verticillata* L.
9. 금새우난초 *Calanthe sieboldii* Decne. ex Regel
10. 금자란 *Saccolabium matsuran* (Makino) Schltr.
11. 긴개별꽃 *Pseudostellaria japonica* (Korsh.) Pax
12. 꽃꿩의다리 *Thalictrum petaloideum* L.
13. 꽃창포 *Iris ensata* var. *spontanea* (Makino) Nakai
14. 끈끈이장구채 *Silene koreana* Kom.
15. 나도범의귀 *Mitella nuda* L.
16. 나도승마 *Kirengeshoma koreana* Nakai
17. 나도여로 *Zygadenus sibiricus* (L.) A.Gray
18. 나도풍란 *Aerides japonicum* Rchb.f.
19. 나사미역고사리 *Polypodium fauriei* Christ
20. 날개하늘나리 *Lilium dauricum* Ker-Gawl.
21. 남가새 *Tribulus terrestris* L.
22. 남바람꽃 *Anemone flaccida* F. Schmidt

23. 넓은잎제비꽃 *Viola mirabilis* L.
24. 노랑만병초 *Rhododendron aureum* Georgi
25. 노랑붓꽃 *Iris koreana* Nakai
26. 노랑투구꽃 *Aconitum sibiricum* Poir.
27. 눈썹고사리 *Asplenium wrightii* D.C. Eaton ex Hook.
28. 눈잣나무 *Pinus pumila* (Pall.) Regel
29. 다북떡쑥 *Anaphalis sinica* Hance
30. 단양쑥부쟁이 *Aster altaicus* var. *uchiyamae* Kitam.
31. 닻꽃 *Halenia corniculata* (L.) Cornaz
32. 대구돌나물 *Tillaea aquatica* L.
33. 대성쓴풀 *Anagallidium dichotomum* (L.) Griseb.
34. 대암사초 *Carex chordorhiza* L.f.
35. 대청부채 *Iris dichotoma* Pall.
36. 덩굴모밀 *Persicaria chinensis* (L.) H.Gross
37. 덩굴옻나무 *Rhus ambigua* H.Lév.
38. 독미나리 *Cicuta virosa* L.
39. 돌방풍 *Carlesia sinensis* Dunn
40. 두잎감자난초 *Oreorchis coreana* Finet
41. 두잎약난초 *Cremastra unguiculata* (Finet) Finet
42. 들통발 *Utricularia pilosa* (Makino) Makino
43. 등포풀 *Limosella aquatica* L.
44. 만년콩 *Euchresta japonica* Regel
45. 목련 *Magnolia kobus* DC.
46. 무주나무 *Lasianthus japonicus* Miq.
47. 물부추 *Isoetes japonica* A.Braun
48. 미선나무 *Abeliophyllum distichum* Nakai
49. 바위모시(비양나무) *Oreocnide fruticosa* (Gaudich.) Hand.-Mazz.
50. 방울난초 *Habenaria flagellifera* (Maxim.) Makino
51. 백부자 *Aconitum coreanum* (H.Lév.) Rapaics
52. 백양더부살이 *Orobanche filicicola* Nakai

53. 백운란 *Vexillabium yakushimensis* (Yaman.) F. Maek.

54. 버어먼초 *Burmannia cryptopetala* Makino

55. 벌깨풀 *Dracocephalum rupestre* Hance

56. 병아리다리 *Salomonia oblongifolia* DC.

57. 복주머니란 *Cypripedium macranthos* Sw.

58. 봉래꼬리풀 *Veronica kiusiana* var. *diamantiaca* (Nakai) T.Yamaz.

59. 부채붓꽃 *Iris setosa* Pall. ex Link

60. 북통발 *Utricularia ochroleuca* R.Hartm.

61. 비고사리 *Lindsaea japonica* (Baker) Diels

62. 비늘석송 *Lycopodium complanatum* L.

63. 비로용담 *Gentiana jamesii* Hemsl.

64. 비자란 *Sarcochilus japonicus* (Rchb.f.) Miq.

65. 산마늘 *Allium microdictyon* Prokh.

66. 산솜다리 *Leontopodium leiolepis* Nakai

67. 산작약 *Paeonia obovata* Maxim.

68. 새깃아재비 *Woodwardia japonica* (L.f.) Sm.

69. 서울개발나물 *Pterygopleurum neurophyllum* (Maxim.) Kitag.

70. 석곡 *Dendrobium moniliforme* (L.) Sw.

71. 선녀고사리 *Asplenium tenerum* G.Forst.

72. 선제비꽃 *Viola raddeana* Regel

73. 설악눈주목 *Taxus caespitosa* Nakai

74. 섬개야광나무 *Cotoneaster wilsonii* Nakai

75. 섬국수나무 *Physocarpus insularis* (Nakai) Nakai

76. 섬꿩고사리 *Plagiogyria japonica* Nakai

77. 섬다래 *Actinidia rufa* (Siebold & Zucc.) Planch. ex Miq.

78. 섬댕강나무 *Abelia coreana* var. *insularis* (Nakai) W.T.Lee & W.K.Paik

79. 섬시호 *Bupleurum latissimum* Nakai

80. 섬현삼 *Scrophularia takesimensis* Nakai

81. 섬현호색 *Corydalis filistipes* Nakai

82. 손바닥난초 *Gymnadenia conopsea* (L.) R.A.Br

83. 숟갈일엽 *Loxogramme saziran* Tagawa
84. 실사리 *Selaginella sibirica* (Milde) Hieron.
85. 아물고사리 *Dryopteris amurensis* (Milde) Christ
86. 암매 *Diapensia lapponica* var. *obovata* F.Schmidt
87. 애기가물고사리 *Woodsia glabella* R.Br. ex Rich.
88. 애기더덕 *Codonopsis minima* Nakai
89. 애기버어먼초 *Burmannia championii* Thwaites
90. 애기사철란 *Goodyera repens* (L.) R.Br.
91. 애기송이풀 *Pedicularis ishidoyana* Koidz. & Ohwi
92. 애기천마 *Hetaeria sikokiana* (Makino & F. Maek.) Tuyama
93. 양뿔사초 *Carex capricornis* Meinsh. ex Maxim.
94. 왕벚나무 *Prunus yedoensis* Matsum.
95. 원지 *Polygala tenuifolia* Willd.
96. 월귤 *Vaccinium vitis-idaea* L.
97. 으름난초 *Galeola septentrionalis* Rchb.f.
98. 이노리나무 *Crataegus komarovii* Sarg.
99. 이삭단엽란 *Microstylis monophyllos* (L.) Lindl.
100. 일엽아재비 *Vittaria flexuosa* Fee
101. 자주땅귀개 *Utricularia yakusimensis* Masam.
102. 작은황새풀 *Eriophorum gracile* Koch
103. 장백제비꽃 *Viola biflora* L.
104. 정선황기 *Astragalus koraiensis* Y.N.Lee
105. 정향풀 *Amsonia elliptica* (Thunb.) Roem. & Schult.
106. 제주고사리삼 *Mankyua chejuense* B.Y.Sun et al.
107. 제주산버들 *Salix blinii* H.Lév.
108. 제주황기 *Astragalus membranaceus* var. *alpinus* Nakai
109. 조도만두나무 *Glochidion chodoense* J.S.Lee & H.T.Im
110. 좀갈매나무 *Rhamnus taquetii* (H.Lév. & Vaniot) H.Lév.
111. 주걱댕강나무 *Abelia spathulata* Siebold & Zucc.
112. 주걱비름 *Sedum tosaense* Makino

113. 죽백란 *Cymbidium lancifolium* Hook.
114. 죽절초 *Sarcandra glabra* (Thunb.) Nakai
115. 줄석송 *Lycopodium sieboldii* Miq.
116. 지네발란 *Sarcanthus scolopendrifolius* Makino
117. 진퍼리잔대 *Adenophora palustris* Kom.
118. 차걸이란 *Oberonia japonica* (Maxim.) Makino
119. 차꼬리고사리 *Asplenium trichomanes* L.
120. 참나무겨우살이 *Taxillus yadoriki* (Siebold) Danser
121. 참물부추 *Isoetes coreana* Y.H.Chung & H.G.Choi
122. 채진목 *Amelanchier asiatica* (Siebold & Zucc.) Endl. ex Walp.
123. 청사조 *Berchemia racemosa* Siebold & Zucc.
124. 초령목 *Michelia compressa* (Maxim.) Sarg.
125. 층층고란초 *Crypsinus veitchii* (Baker) Copel.
126. 칠보치마 *Metanarthecium luteoviride* Maxim.
127. 콩짜개란 *Bulbophyllum drymoglossum* Maxim. ex Okub.
128. 큰바늘꽃 *Epilobium hirsutum* L.
129. 큰잎쓴풀 *Swertia wilfordii* J.Kern.
130. 탐라난 *Saccolabium japonicus* (Makino) Schltr.
131. 털복주머니란 *Cypripedium guttatum* var. *koreanum* Nakai
132. 풍란 *Neofinetia falcata* (Thunb.) Hu
133. 피뿌리풀 *Stellera chamaejasme* L.
134. 한들고사리 *Cystopteris fragilis* (L.) Bernh.
135. 한라솜다리 *Leontopodium hallaisanense* Hand.-Mazz.
136. 한라송이풀 *Pedicularis hallaisanensis* Hurus.
137. 한라옥잠난초 *Liparis auriculata* Blume ex Miq.
138. 한라천마 *Gastrodia verrucosa* Blume
139. 한란 *Cymbidium kanran* Makino
140. 해오라비난초 *Habenaria radiata* (Thunb.) Spreng.
141. 홍월귤 *Arctous ruber* (Rehder & E.H.Wilson) Nakai
142. 화엄제비꽃 *Viola ibukiana* Makino

143. 흑난초 *Liparis nervosa* (Thunb.) Lindl.
144. 흰땃딸기 *Fragaria nipponica* Makino

▶위기종_EN(Endangered species)

1. 가는다리장구채 *Silene jenisseensis* Willd.
2. 가는잎개별꽃 *Pseudostellaria sylvatica* (Maxim.) Pax
3. 갈매기난초 *Platanthera japonica* (Thunb.) Lindl.
4. 개가시나무 *Quercus gilva* Blume
5. 개느삼 *Echinosophora koreensis* (Nakai) Nakai
6. 개병풍 *Astilboides tabularis* (Hemsl.) Engl.
7. 개종용 *Lathraea japonica* Miq.
8. 개회향 *Ligusticum tachiroei* (Franch. & Sav.) M.Hiroe & Constance
9. 갯대추나무 *Paliurus ramosissimus* (Lour.) Poir.
10. 갯활량나물 *Thermopsis lupinoides* (L.) Link
11. 거센털꽃마리 *Trigonotis radicans* (Turcz.) Steven
12. 구름떡쑥 *Anaphalis sinica* var. *morii* (Nakai) Ohwi
13. 구실바위취 *Saxifraga octopetala* Nakai
14. 국화방망이 *Sinosenecio koreanus* (Kom.) B. Nord.
15. 금강봄맞이 *Androsace cortusaefolia* Nakai
16. 기생꽃 *Trientalis europaea* var. *arctica* (Fisch.) Ledeb.
17. 긴잎꿩의다리 *Thalictrum simlex* var. *brevipes* Hara
18. 깽깽이풀 *Jeffersonia dubia* (Maxim.) Benth. & Hook.f. ex Baker & S. Moore
19. 께묵 *Hololeion maximowiczii* Kitam.
20. 꼬리겨우살이 *Loranthus tanakae* Franch. & Sav.
21. 꼬리말발도리 *Deutzia paniculata* Nakai
22. 꼬리족제비고사리 *Dryopteris formosana* (Christ) C.Chr.
23. 끈끈이귀개 *Drosera peltata* var. *nipponica* (Masam.) Ohwi
24. 나도고사리삼 *Ophioglossum vulgatum* L.
25. 나도씨눈란 *Herminium monorchis* (L.) R.A.Br
26. 나도은조롱 *Marsdenia tomentosa* Morren & Decne.

27. 나도진퍼리고사리 *Thelypteris omeiensis* (Baker) Ching
28. 난장이붓꽃 *Iris uniflora* var. *caricina* Kitag.
29. 난장이이끼 *Crepidomanes amabile* (Nakai) K.Iwats.
30. 눈향나무 *Juniperus chinensis* var. *sargentii* A.Henry
31. 담팔수 *Elaeocarpus sylvestris* var. *ellipticus* (Thunb.) H. Hara
32. 대흥란 *Cymbidium macrorrhizum* Lindl.
33. 댕강나무 *Abelia mosanensis* T.H.Chung ex Nakai
34. 덩굴민백미꽃 *Cynanchum japonicum* Morr. & Decne.
35. 동강할미꽃 *Pulsatilla tongkangensis* Y.N.Lee & T.C.Lee
36. 두메닥나무 *Daphne pseudomezereum* var. *koreana* (Nakai) Hamaya
37. 땃두릅나무 *Oplopanax elatus* (Nakai) Nakai
38. 마키노국화/흰감국 *Dendranthema makinoi* (Matsum.) Y.N.Lee
39. 만주바람꽃 *Isopyrum manshuricum* (Kom.) Kom.
40. 만주송이풀 *Pedicularis mandshurica* Maxim.
41. 모데미풀 *Megaleranthis saniculifolia* Ohwi
42. 무엽란 *Lecanorchis japonica* Blume
43. 문주란 *Crinum asiaticum* var. *japonicum* Baker
44. 물고사리 *Ceratopteris thalictroides* (L.) Brongn.
45. 물까치수염 *Lysimachia leucantha* Miq.
46. 물엉겅퀴 *Cirsium nipponicum* (Maxim.) Makino
47. 물여뀌 *Persicaria amphibia* (L.) Delarbre
48. 바늘까치밥나무 *Ribes burejense* F. Schmidt
49. 바늘명아주 *Chenopodium aristatum* L.
50. 바늘엉겅퀴 *Cirsium rhinoceros* (H.Lév. & Vaniot) Nakai
51. 바람꽃 *Anemone narcissiflora* L.
52. 바위솜나물 *Tephroseris phaeantha* (Nakai) C. Jeffrey & Y.L.Chen
53. 박달목서 *Osmanthus insularis* Koidz.
54. 반쪽고사리 *Pteris dispar* Kunze
55. 밤일엽 *Neocheiropteris ensata* (Thunb.) Ching
56. 밤잎고사리 *Colysis wrightii* (Hook.) Ching

57. 백서향 *Daphne kiusiana* Miq.

58. 백양꽃 *Lycoris sanguinea* var. *koreana* (Nakai) T.Koyama

59. 백운기름나물 *Peucedanum hakuunense* Nakai

60. 버들일엽 *Loxogramme salicifolia* (Makino) Makino

61. 복사앵도나무 *Prunus choreiana* H. T. Im

62. 분홍바늘꽃 *Epilobium angustifolium* L.

63. 분홍장구채 *Silene capitata* Kom.

64. 비비추난초 *Tipularia japonica* Matsum.

65. 산개나리 *Forsythia saxatilis* (Nakai) Nakai

66. 삼백초 *Saururus chinensis* (Lour.) Baill.

67. 선투구꽃 *Aconitum umbrosum* (Korsh.) Kom.

68. 설앵초 *Primula modesta* var. *hannasanensis* T.Yamaz

69. 섬꽃마리 *Cynoglossum zeylanicum* (Vahl ex Hornem.) Thunb. ex Lehm.

70. 섬남성 *Arisaema takesimense* Nakai

71. 섬오갈피 *Eleutherococcus gracilistylus* (W.W.Sm.) S.Y.Hu

72. 솔붓꽃 *Iris ruthenica* Ker-Gawl.

73. 솔잎란 *Psilotum nudum* (L.) P. Beauv.

74. 솜아마존 *Cynanchum amplexicaule* (Siebold & Zucc.) Hemsl.

75. 수염마름 *Trapella sinensis* var. *antenifera* (H.Lév.) H. Hara

76. 숲바람꽃 *Anemone umbrosa* C.A.Mey.

77. 실꽃풀 *Chionographis japonica* (Willd.) Maxim.

78. 씨눈난초 *Herminium lanceum* var. *longicrure* (C.Wright) Hara

79. 아마풀 *Diarthron linifolium* Turcz.

80. 암공작고사리 *Adiantum capillis-junonis* Rupr.

81. 애기자운 *Gueldenstaedtia verna* (Georgi) Boriss.

82. 여름새우난초 *Calanthe reflexa* Maxim.

83. 여우꼬리풀 *Aletris glabra* Bureau & Franch.

84. 연잎꿩의다리 *Thalictrum coreanum* H.Lév.

85. 왕과 *Thladiantha dubia* Bunge

86. 왕다람쥐꼬리 *Lycopodium cryptomerinum* Maxim.

87. 왕둥굴레 *Polygonatum robustum* (Korsh.) Nakai

88. 왕자귀나무 *Albizia kalkora* (Roxb.) Prain

89. 왕제비꽃 *Viola websteri* Hemsl.

90. 용머리 *Dracocephalum argunense* Fisch. ex Link

91. 울릉국화 *Dendranthema zawadskii* var. *lucidum* (Nakai) J.H.Park

92. 위도상사화 *Lycoris uydoensis* M.Y.Kim

93. 전주물꼬리풀 *Dysophylla yatabeana* Makino

94. 제비동자꽃 *Lychnis wilfordii* (Regel) Maxim.

95. 제주달구지풀 *Trifolium lupinaster* f. *alpinus* (Nakai) M.Park

96. 제주상사화 *Lycoris chejuensis* K.H.Tae & S.C.Ko

97. 조름나물 *Menyanthes trifoliata* L.

98. 좀다람쥐꼬리 *Lycopodium selago* L.

99. 좀민들레 *Taraxacum hallaisanense* Nakai

100. 좀어리연꽃 *Nymphoides coreana* (Lév.) Hara

101. 좁은잎덩굴용담 *Pterygocalyx volubilis* Maxim.

102. 주름제비란 *Gymnadenia camtschatica* (Cham.) Miyabe & Kudo

103. 줄댕강나무 *Abelia tyaihyoni* Nakai

104. 지느러미고사리 *Hymenasplenium hondoense* (Murakami & Hatanaka) Nakaike

105. 진노랑상사화 *Lycoris chinensis* var. *sinuolata* K.H.Tae & S.C.Ko

106. 진퍼리까치수염 *Lysimachia fortunei* Maxim.

107. 참작약 *Paeonia lactiflora* var. *trichocarpa* (Bunge) Stern

108. 청닭의난초 *Epipactis papillosa* Franch. & Sav.

109. 층층둥굴레 *Polygonatum stenophyllum* Maxim.

110. 키큰산국 *Leucanthemella linearis* (Matsum.) TzveLév

111. 톱지네고사리 *Dryopteris cycadina* (Franch. & Sav.) C.Chr.

112. 한라개승마 *Aruncus aethusifolius* (H.Lév.) Nakai

113. 한라구절초 *Dendranthema coreanum* (H.Lév. & Vaniot) Vorosch.

114. 한라꽃장포 *Tofieldia coccinea* var. *kondoi* (Miyabe & Kudo) Hara

115. 한라잠자리난 *Platanthera minor* (Miq.) Rchb.f.

116. 한라장구채 *Silene fasciculata* Nakai
117. 혹난초 *Bulbophyllum inconspicuum* Maxim.
118. 홍도서덜취 *Saussurea polylepis* Nakai
119. 흑산도비비추 *Hosta yingeri* S.B.Jones
120. 흑오미자 *Schisandra repanda* (Siebold & Zucc.) Radlk.
121. 흰인가목 *Rosa koreana* Kom.
122. 흰참꽃나무 *Rhododendron tschonoskii* Maxim.

▶ 취약종_VU(Vulnerable)

1. 가는대나물 *Gypsophila pacifica* Kom.
2. 가는잎향유 *Elsholtzia angustifolia* (Loes.) Kitag.
3. 가문비나무 *Picea jezoensis* (Siebold & Zucc.) Carriere
4. 가시딸기 *Rubus hongnoensis* Nakai
5. 가시연꽃 *Euryale ferox* Salisb.
6. 가시오갈피 *Eleutherococcus senticosus* (Rupr. & Maxim.) Maxim.
7. 개박하 *Nepeta cataria* L.
8. 개부싯깃고사리 *Cheilanthes fordii* Baker
9. 개쓴풀 *Swertia diluta* var. *tosaensis* (Makino) H. Hara
10. 개차고사리 *Asplenium oligophlebium* Baker
11. 개톱고사리 *Diplazium okudairai* Makino
12. 개톱날고사리 *Athyrium sheareri* (Baker) Ching
13. 갯금불초 *Wedelia prostrata* Hemsl.
14. 갯취 *Ligularia taquetii* (H.Lév. & Vaniot) Nakai
15. 거꾸리개고사리 *Athyrium reflexipinnum* Hayata
16. 거지딸기 *Rubus sorbifolius* Maxim.
17. 검은재나무 *Symplocos prunifolia* Siebold & Zucc.
18. 공작고사리 *Adiantum pedatum* L.
19. 금강초롱꽃 *Hanabusaya asiatica* (Nakai) Nakai
20. 금방망이 *Senecio nemorensis* L.
21. 금붓꽃 *Iris minutiaurea* Makino

22. 긴잎갈퀴 *Galium boreale* L.

23. 깔끔좁쌀풀 *Euphrasia coreana* W. Becker

24. 꼬리진달래 *Rhododendron micranthum* Turcz.

25. 꼬마은난초 *Cephalanthera erecta* var. *subaphylla* (Miyabe & Kudo) Ohwi

26. 끈끈이주걱 *Drosera rotundifolia* L.

27. 나도생강 *Pollia japonica* Thunb.

28. 나도수정초 *Monotropastrum humile* (D.Don) Hara

29. 나도옥잠화 *Clintonia udensis* Trautv. & C.A.Mey.

30. 나도제비란 *Orchis cyclochila* (Franch. & Sav.) Soo

31. 노랑무늬붓꽃 *Iris odaesanensis* Y.N.Lee

32. 눈측백 *Thuja koraiensis* Nakai

33. 느리미고사리 *Dryopteris tokyoensis* (Matsum. ex Makino) C.Chr.

34. 댕댕이나무 *Lonicera caerulea* var. *edulis* Turcz. ex Herder

35. 덩굴용담 *Tripterospermum japonicum* (Siebold & Zucc.) Maxim.

36. 두메개고사리 *Athyrium spinulosum* (Maxim.) Milde

37. 두메대극 *Euphorbia fauriei* H.Lév. & Vaniot ex H.Lév.

38. 둥근잎꿩의비름 *Hylotelephium ussuriense* (Kom.) H.Ohba

39. 들떡쑥 *Leontopodium leontopodioides* (Willd.) Beauverd

40. 들쭉나무 *Vaccinium uliginosum* L.

41. 등대시호 *Bupleurum euphorbioides* Nakai

42. 등에풀 *Dopatrium junceum* (Roxb.) Ham. ex Benth.

43. 땅귀개 *Utricularia bifida* L.

44. 땅나리 *Lilium callosum* Siebold & Zucc.

45. 만리화 *Forsythia ovata* Nakai

46. 만삼 *Codonopsis pilosula* (Franch.) Nannf.

47. 망개나무 *Berchemia berchemiifolia* (Makino) Koidz.

48. 매화마름 *Ranunculus kazusensis* Makino

49. 먹넌출 *Berchemia racemosa* var. *magna* Makino

50. 멱쇠채 *Scorzonera austriaca* subsp. *glabra* (Rupr.) Lipsch. & Krasch. ex Lipsch.

51. 모감주나무 *Koelreuteria paniculata* Laxmann

52. 물꼬리풀 *Dysophylla stellata* (Lour.) Benth.

53. 물잔디 *Pseudoraphis ukishiba* Ohwi

54. 미역고사리 *Polypodium vulgare* L.

55. 바위틈고사리 *Dryopteris laeta* (Kom.) C.Chr.

56. 방울새란 *Pogonia minor* (Makino) Makino

57. 백량금 *Ardisia crenata* Sims

58. 백리향 *Thymus quinquecostatus* Celak.

59. 백작약 *Paeonia japonica* (Makino) Miyabe & Takeda

60. 버들금불초 *Inula salicina* var. *asiatica* Kitam.

61. 범부채 *Belamcanda chinensis* (L.) DC.

62. 붓순나무 *Illicium anisatum* L.

63. 산닥나무 *Wikstroemia trichotoma* (Thunb.) Makino

64. 산들깨 *Mosla japonica* (Benth.) Maxim.

65. 산부싯깃고사리 *Cheilanthes kuhnii* Milde

66. 산토끼꽃 *Dipsacus japonicus* Miq.

67. 삼지구엽초 *Epimedium koreanum* Nakai

68. 새우난초 *Calanthe discolor* Lindl.

69. 선백미꽃 *Cynanchum inamoenum* (Maxim.) Loes.

70. 섬공작고사리 *Adiantum monochlamys* Eaton

71. 섬노루귀 *Hepatica maxima* (Nakai) Nakai

72. 섬말나리 *Lilium hansonii* Leichtlin ex D.D.T.Moore

73. 섬백리향 *Thymus quinquecostatus* var. *japonicus* H. Hara

74. 섬자리공 *Phytolacca insularis* Nakai

75. 섬잔대 *Adenophora taquetii* H.Lév.

76. 성주풀 *Centranthera cochinchinensis* var. *lutea* (Hara) Hara

77. 세뿔석위 *Pyrrosia hastata* (Thunb.) Ching

78. 세뿔투구꽃 *Aconitum austrokoreense* Koidz.

79. 세잎승마 *Cimicifuga heracleifolia* var. *bifida* Nakai

80. 소귀나무 *Myrica rubra* (Lour.) Siebold & Zucc.

81. 솔나리 *Lilium cernuum* Kom.

82. 쇠채 *Scorzonera albicaulis* Bunge

83. 순채 *Brasenia schreberi* J.F.Gmelin

84. 시로미 *Empetrum nigrum* var. *japonicum* K.Koch

85. 시호 *Bupleurum falcatum* L.

86. 쑥방망이 *Senecio argunensis* Turcz.

87. 알록큰봉의꼬리 *Pteris nipponica* W.C.Shieh

88. 애기등 *Millettia japonica* (Siebold & Zucc.) A.Gray

89. 애기물꽈리아재비 *Mimulus tenellus* Bunge

90. 애기우산나물 *Syneilesis aconitifolia* (Bunge) Maxim.

91. 야고 *Aeginetia indica* L.

92. 약난초 *Cremastra variabilis* (Blume) Nakai ex Shibata

93. 어리병풍 *Parasenecio pseudotaimingasa* (Nakai) K. J. Kim

94. 연화바위솔 *Orostachys iwarenge* (Makino) Hara

95. 옹굿나물 *Aster fastigiatus* Fisch.

96. 왕씀배 *Prenanthes ochroleuca* (Maxim.) Hemsl.

97. 왜박주가리 *Tylophora floribunda* Miq.

98. 왜솜다리 *Leontopodium japonicum* Miq.

99. 외잎쑥 *Artemisia viridissima* (Kom.) Pamp.

100. 자란 *Bletilla striata* (Thunb.) Rchb.f.

101. 자주꽃방망이 *Campanula glomerata* var. *dahurica* Fisch. ex Ker-Gawl.

102. 자주솜대 *Smilacina bicolor* Nakai

103. 자주황기 *Astragalus dahuricus* (Pall.) DC.

104. 주목 *Taxus cuspidata* Siebold & Zucc.

105. 진퍼리개고사리 *Deparia okuboana* (Makino) M.Kato

106. 천마 *Gastrodia elata* Blume

107. 초종용 *Orobanche coerulescens* Stephan

108. 큰방울새란 *Pogonia japonica* Rchb.f.

109. 큰연영초 *Trillium tschonoskii* Maxim.

110. 큰제비꼬깔 *Delphinium maackianum* Regel

111. 큰처녀고사리 *Thelypteris quelpaertensis* (Christ) Ching

112. 통발 *Utricularia vulgaris* var. *japonica* (Makino) Tamura
113. 한계령풀 *Leontice microrhyncha* S.Moore
114. 해녀콩 *Canavalia lineata* (Thunb.) DC.
115. 호랑가시나무 *Ilex cornuta* Lindl. & Paxton
116. 홍도까치수염 *Lysimachia pentapetala* Bunge
117. 황근 *Hibiscus hamabo* Siebold & Zucc.
118. 회솔나무 *Taxus baccata* var. *latifolia* Nakai
119. 흑삼릉 *Sparganium erectum* L.

▶ **약관심종_LC(Least Concemed)**

1. 가침박달 *Exochorda serratifolia* S.Moore
2. 개벼룩 *Moehringia lateriflora* (L.) Fenzl
3. 개석송 *Lycopodium annotinum* L.
4. 개연꽃 *Nuphar japonicum* DC.
5. 개족도리풀 *Asarum maculatum* Nakai
6. 개지치 *Lithospermum arvense* L.
7. 갯방풍 *Glehnia littoralis* F.Schmidt ex Miq.
8. 검팽나무 *Celtis choseniana* Nakai
9. 게박쥐나물 *Parasenecio adenostyloides* (Franch. & Sav. ex Maxim.) H.Koyama
10. 고란초 *Crypsinus hastatus* (Thunb.) Copel.
11. 골고사리 *Asplenium scolopendrium* L.
12. 과남풀 *Gentiana triflora* var. *japonica* (Kusn.) H. Hara
13. 광릉골무꽃 *Scutellaria insignis* Nakai
14. 구상나무 *Abies koreana* E.H.Wilson
15. 구상난풀 *Monotropa hypopithys* L.
16. 귀박쥐나물 *Parasenecio auriculatus* (DC.) J.R.Grant
17. 금강애기나리 *Streptopus ovalis* (Ohwi) F.T.Wang & Y.C.Tang
18. 금강제비꽃 *Viola diamantiaca* Nakai
19. 금마타리 *Patrinia saniculifolia* Hemsl.
20. 꽃개회나무 *Syringa wolfii* C.K.Schneid.

21. 꽃창포 *Iris ensata* var. *spontanea* (Makino) Nakai
22. 나도개감채 *Lloydia triflora* (Ledeb.) Baker
23. 낙지다리 *Penthorum chinense* Pursh
24. 낚시돌풀 *Hedyotis biflora* var. *parvifolia* Hook. & Arn.
25. 너도바람꽃 *Eranthis stellata* Maxim.
26. 너도밤나무 *Fagus engleriana* Seemen ex Diels
27. 녹나무 *Cinnamomum camphora* (L.) J.Presl
28. 늦고사리삼 *Botrychium virginianum* (L.) Sw.
29. 덩굴꽃마리 *Trigonotis icumae* (Maxim.) Makino
30. 도깨비부채 *Rodgersia podophylla* A.Gray
31. 된장풀 *Desmodium caudatum* (Thunb.) DC.
32. 두루미천남성 *Arisaema heterophyllum* Blume
33. 두메부추 *Allium senescens* L.
34. 등칡 *Aristolochia manshuriensis* Kom.
35. 만병초 *Rhododendron brachycarpum* D.Don ex G.Don
36. 말나리 *Lilium distichum* Nakai ex Kamib.
37. 매미꽃 *Coreanomecon hylomeconoides* Nakai
38. 모새달 *Phacelurus latifolius* (Steud.) Ohwi
39. 물질경이 *Ottelia alismoides* (L.) Pers.
40. 미치광이풀 *Scopolia japonica* Maxim.
41. 변산바람꽃 *Eranthis byunsanensis* B.Y.Sun
42. 병풍쌈 *Parasenecio firmus* (Kom.) Y.L.Chen
43. 뻐꾹나리 *Tricyrtis macropoda* Miq.
44. 사철란 *Goodyera schlechtendaliana* Rchb.f.
45. 산솜방망이 *Tephroseris flammea* (Turcz. ex DC.) Holub
46. 새박 *Melothria japonica* (Thunb.) Maxim.
47. 섬초롱꽃 *Campanula takesimana* Nakai
48. 세잎종덩굴 *Clematis koreana* Kom.
49. 솔송나무 *Tsuga sieboldii* Carrière
50. 솜양지꽃 *Potentilla discolor* Bunge

51. 수정난풀 *Monotropa uniflora* L.

52. 연영초 *Trillium kamtschaticum* Pall. ex Pursh

53. 왜구실사리 *Selaginella helvetica* (L.) Spring

54. 이삭귀개 *Utricularia racemosa* Wall.

55. 이팝나무 *Chionanthus retusus* Lindl. & Paxton

56. 자라풀 *Hydrocharis dubia* (Blume) Backer

57. 정향나무 *Syringa patula* var. *kamibayshii* (Nakai) M.Y.Kim

58. 쥐방울덩굴 *Aristolochia contorta* Bunge

59. 지치 *Lithospermum erythrorhizon* Siebold & Zucc.

60. 참배암차즈기 *Salvia chanryoenica* Nakai

61. 참좁쌀풀 *Lysimachia coreana* Nakai

62. 창포 *Acorus calamus* L.

63. 측백나무 *Thuja orientalis* L.

64. 큰두루미꽃 *Maianthemum dilatatum* (Wood) A.Nelson & J.F.Macbr.

65. 태백제비꽃 *Viola albida* Palib.

66. 털조장나무 *Lindera sericea* (Siebold & Zucc.) Blume

67. 한라돌쩌귀 *Aconitum japonicum* subsp. napiforme (H.Lév. & Vaniot) Kadota

68. 헐떡이풀 *Tiarella polyphylla* D.Don

69. 홀아비바람꽃 *Anemone koraiensis* Nakai

70. 히어리 *Corylopsis gotoana* var. *coreana* (Uyeki) T.Yamaz.

▶자료부족종_DD(Data Deficient)

1. 가는잎산들깨 *Mosla chinensis* Maxim.

2. 각시제비꽃 *Viola boissieuana* Makino

3. 갈사초 *Carex ligulata* Nees

4. 갑산제비꽃 *Viola kapsanensis* Nakai

5. 강부추 *Allium longistylum* Baker

6. 개감채 *Lloydia serotina* (L.) Rchb.

7. 개구리갓 *Ranunculus ternatus* Thunb.

8. 개대황 *Rumex longifolius* DC.

9. 갯봄맞이꽃 *Glaux maritima* var. *obtusifolia* Fernald

10. 갯지치 *Mertensia asiatica* (Takeda) J.F.Macbr.

11. 거미란 *Taeniophyllum glandulosum* Blume

12. 거제딸기 *Rubus longisepalus* var. *tozawai* (Nakai) T.B.Lee

13. 검은도루박이 *Scirpus sylvaticus* var. *maximowiczii* Regel

14. 고추냉이 *Wasabia japonica* (Miq.) Matsum.

15. 구름체꽃 *Scabiosa tschiliensis* f. *alpina* (Nakai) W.T.Lee

16. 구슬개고사리 *Athyrium deltoidofrons* Makino

17. 금떡쑥 *Gnaphalium hypoleucum* DC.

18. 금억새 *Miscanthus sinensis* var. *chejuensis* (Y.N.Lee) Y.N.Lee

19. 긴갯금불초 *Wedelia chinensis* (Osbeck) Merr.

20. 긴잎별꽃 *Stellaria longifolia* Muhl. ex Willd.

21. 긴흑삼릉 *Sparganium japonicum* Rothert

22. 깃고사리 *Asplenium normale* D.Don

23. 꽃대 *Chloranthus serratus* (Thunb.) Roem. & Schult.

24. 꿩고사리 *Plagiogyria euphlebia* (Kunze) Mett.

25. 끈적쥐꼬리풀 *Aletris foliata* (Maxim.) Makino & Nemote

26. 나비국수나무 *Stephanandra incisa* var. *quadrifissa* (Nakai) T.B.Lee

27. 낭독 *Euphorbia pallasii* Turcz.

28. 냇씀바귀 *Ixeris tamagawaensis* (Makino) Kitam.

29. 너도제비란 *Orchis jooiokiana* Makino

30. 노랑팽나무 *Celtis edulis* Nakai

31. 능금나무 *Malus asiatica* Nakai

32. 늦둥굴레 *Polygonatum infundiflorum* Y.S.Kim et al.

33. 늦싸리 *Lespedeza maximowiczii* var. *elongata* Nakai

34. 단풍딸기 *Rubus palmatus* Thunb.

35. 단풍박쥐나무 *Alangium platanifolium* (Siebold & Zucc.) Harms

36. 대구사초 *Carex paxii* Kük.

37. 도라지모시대 *Adenophora grandiflora* Nakai

38. 동래엉겅퀴 *Cirsium toraiense* Nakai ex Kitam.

39. 둥근잎조팝나무 *Spiraea betulifolia* Pall.
40. 둥근잎택사 *Caldesia parnassifolia* (Bassi ex L.) Parl.
41. 떡조팝나무 *Spiraea chartacea* Nakai
42. 매화오리나무 *Clethra barbinervis* Siebold & Zucc.
43. 물석송 *Lycopodium cernuum* L.
44. 민구와말 *Limnophila indica* (L.) Druce
45. 바위댕강나무 *Abelia integrifolia* Koidz.
46. 바위장대 *Arabis serrata* Franch. & Sav.
47. 바이칼꿩의다리 *Thalictrum baicalense* Turcz.
48. 바이칼바람꽃 *Anemone glabrata* (Maxim.) Juz.
49. 백두사초 *Carex peiktusani* Kom.
50. 버들바늘꽃 *Epilobium palustre* L.
51. 버들잎엉겅퀴 *Cirsium lineare* (Thunb.) Sch.Bip.
52. 벗풀 *Sagittaria sagittifolia* subsp. *leucopetala* (Miq.) Hartog
53. 벼룩아재비 *Mitrasacme alsinoides* R.Br.
54. 부산꼬리풀 *Veronica pusanensis* Y.Lee
55. 북천물통이 *Elatostema densiflorum* Franch.& Sav.
56. 붉은골풀아재비 *Rhynchospora rubra* (Lour.) Makino
57. 산분꽃나무 *Viburnum burejaeticum* Regel & Herder
58. 산진달래 *Rhododendron dauricum* L.
59. 산파 *Allium maximowiczii* Regel
60. 산흰쑥 *Artemisia sieversiana* Ehrh. ex Willd.
61. 선둥굴레 *Polygonatum grandicaule* Y.S.Kim et al.
62. 섬광대수염 *Lamium takesimense* Nakai
63. 섬매발톱나무 *Berberis amurensis* var. *quelpaertensis* Nakai
64. 섬쥐깨풀 *Mosla japonica* var. *thymolifera* (Makino) Kitam.
65. 섬천남성 *Arisaema negishii* Makino
66. 섬회나무 *Euonymus chibai* Makino
67. 손고비 *Colysis elliptica* (Thunb.) Ching
68. 솜다리 *Leontopodium coreanum* Nakai

69. 수궁초 *Apocynum cannabinum* L.

70. 수수새 *Sorghum nitidum* var. *majus* (Hack.) Ohwi

71. 실부추 *Allium anisopodium* Ledeb.

72. 쑥부지깽이 *Erysimum cheiranthoides* L.

73. 애기담배풀 *Carpesium rosulatum* Miq.

74. 여뀌잎제비꽃 *Viola thibaudieri* Franch. & Sav.

75. 염주사초 *Carex ischnostachya* Steud.

76. 옥녀꽃대 *Chloranthus fortunei* (A.Gray) Solms

77. 왕죽대아재비 *Streptopus koreanus* (Kom.) Ohwi

78. 이삭마디풀 *Polygonum polyneuron* Franch. & Sav.

79. 이삭바꽃 *Aconitum kusnezoffii* Rchb.

80. 이삭봄맞이 *Stimpsonia chamaedrioides* C.Wright ex A.Gray

81. 이삭송이풀 *Pedicularis spicata* Pall.

82. 인삼 *Panax ginseng* C.A.Mey.

83. 자반풀 *Omphalodes krameri* Franch. & Sav.

84. 제비붓꽃 *Iris laevigata* Fisch.

85. 좀나도고사리삼 *Ophioglossum thermale* Kom.

86. 좀댕강나무 *Abelia serrata* Siebold & Zucc.

87. 좀도깨비사초 *Carex idzuroei* Franch. & Sav.

88. 좀바늘사초 *Kobresia bellardii* (All.) Degl.

89. 좀사다리고사리 *Thelypteris cystopteroides* (D.C.Eaton) Ching

90. 좀사위질빵 *Clematis brevicaudata* DC.

91. 좁은잎흑삼릉 *Sparganium hyperboreum* Laest. ex Beurl.

92. 주걱일엽 *Loxogramme grammitoides* (Baker) C.Chr.

93. 주름고사리 *Diplazium wichurae* (Mett.) Diels

94. 죽대아재비 *Streptopus amplexifolius* var. *papillatus* Ohwi

95. 지리바꽃 *Aconitum chiisanense* Nakai

96. 지리산오갈피 *Eleutherococcus divaricatus* var. *chiisanensis* (Nakai) C.H.Kim & B.Y.Sun

97. 진주고추나물 *Hypericum oliganthum* Franch. & Sav.

98. 진퍼리용담 *Gentiana scabra* f. *stenophylla* (H. Hara) W.K.Paik & W.T.Lee

99. 창일엽 *Microsorum superficiale* (Blume) Ching

100. 채고추나물 *Hypericum attenuatum* Fisch. ex Choisy

101. 큰개고사리 *Diplazium mesosorum* (Makino) Koidz.

102. 큰고추나물 *Hypericum attenuatum* var. *confertissium* (Nakai) T.B.Lee

103. 큰구와꼬리풀 *Veronica pyrethrina* Nakai

104. 큰솔나리 *Lilium tenuifolium* Fisch.

105. 큰옥매듭풀 *Polygonum bellardii* All.

106. 큰절굿대 *Echinops latifolius* Tausch

107. 털연리초 *Lathyrus palustris* subsp. *pilosus* (Cham.) Hulten

108. 토끼고사리 *Gymnocarpium dryopteris* (L.) Newman

109. 토현삼 *Scrophularia koraiensis* Nakai

110. 한라산참꽃나무 *Rhododendron saisiuense* Nakai

111. 해변노간주 *Juniperus rigida* var. *conferta* (Parl.) Patschke

112. 햇사초 *Carex pseudochinensis* H.Lév. & Vaniot

부록 2_ 남부 지역의 희귀 · 특산식물

번호	과명	국명	학명	분포지	특산	희귀
1	감탕나무과	완도호랑가시나무	*Ilex* x *wandoensis* C.F.Miller	완도	○	
2	감탕나무과	호랑가시나무	*Ilex cornuta* Lindl. & Paxton	나주, 완도, 강진 등		VU
3	고란초과	고란초	*Crypsinus hastatus* (Thunb.) Copel.	완도		LC
4	고란초과	세뿔석위	*Pyrrosia hastata* (Thunb. ex Houtt.) Ching	완도, 여수, 장흥, 화순		VU
5	고란초과	창일엽	*Microsorium superficiale* (Blume) Ching	신안		DD
6	고사리삼과	나도고사리삼	*Ophioglossum vulgatum* L.	완도, 신안, 진도		EN
7	고사리삼과	늦고사리삼	*Botrychium virginianum* (L.) Sw.	전역		LC
8	고사리삼과	다시마고사리삼	*Ophioglossum pendulum* L.	해남		EW
9	고사리삼과	좀나도고사리삼	*Ophioglossum thermale* Komarov	전역		DD
10	공작고사리과	개부싯깃고사리	*Cheilanthes fordii* Bak.	전역		VU
11	공작고사리과	물고사리	*Celatopteris thalictroides* (L.) Brongn.	순천, 강진, 광주광역시		EN
12	국화과	각시서덜취	*Saussurea macrolepis* (Nakai) Kitam	백운산	○	
13	국화과	지리산고들빼기	*Crepidiastrum koidzumianum* (Kitam.) Pak & Kawano	구례, 광양	○	
14	국화과	고려엉겅퀴	*Cirsium setidens* (Dunn) Nakai	구례	○	
15	국화과	귀박쥐나물	*Parasenecio auriculatus* (DC.) H.Koyama	구례		LC
16	국화과	금떡쑥	*Gnaphalium hypoleucum* DC.	전역		DD
17	국화과	냇씀바귀	*Ixeris tamagawaensis* (Makino) Kitam.	광양, 순천		DD

번호	과명	국명	학명	분포지	특산	희귀
18	국화과	동래엉겅퀴	*Cirsium toraiense* Nakai ex Kitam.	장흥, 광주광역시		DD
19	국화과	들떡쑥	*Leontopodium leontopodioides* (Willd.) Beauverd	전역		VU
20	국화과	멱쇠채	*Scorzonera austriaca* subsp. *glabra* (Rupr.) Lipsch. & Krasch. ex Lipsch.	전역		VU
21	국화과	버들금불초	*Inula salicina* var. *asiatica* Kitam.	전역		VU
22	국화과	벌개미취	*Aster koraiensis* Nakai	강진, 곡성, 보성 등	○	
23	국화과	병풍쌈	*Parasenecio firmus* (Kom.) Y.L.Chen	구례, 담양		LC
24	국화과	산솜방망이	*Tephroseris flammea* (Turcz.) Holub	구례, 순천		LC
25	국화과	쑥방망이	*Senecio argunensis* Turcz.	전역		VU
26	국화과	애기담배풀	*Carpesium rosulatum* Miq.	완도, 진도		DD
27	국화과	애기우산나물	*Syneilesis aconitifolia* (Bunge) Maxim.	전역		VU
28	국화과	어리병풍	*Parasenecio pseudotaimingasa* (Nakai) B.U.Oh	광양, 구례(지리산)	○	VU
29	국화과	옹굿나물	*Aster fastigiatus* Fisch.	전역		VU
30	국화과	좀께묵	*Hololeion maximowiczii* var. *fauriei* (H.Lév. & Vaniot) Kitam	목포	○	
31	국화과	키큰산국	*Leucanthemella linearis* (Matsum.) Tzvelev	순천		EN
32	국화과	홍도서덜취	*Saussurea polylepis* Nakai	신안	○	EN
33	꼬리고사리과	차꼬리고사리	*Asplenium trichomanes* L.	완도, 해남		CR
34	꼭두서니과	낚시돌풀	*Hedyotis biflora* var. *parvifolia* Hook. & Arn.	신안, 여수		LC
35	꼭두서니과	참갈퀴덩굴	*Galium koreanum* (Nakai) Nakai	전역 매가도	○	
36	꿀풀과	가는잎산들깨	*Mosla chinensis* Maxim.	전역		DD
37	꿀풀과	광릉골무꽃	*Scutellaria insignis* Nakai	장성, 조계산	○	LC
38	꿀풀과	물꼬리풀	*Dysophylla stellata* (Lour.) Benth.	전역		VU

번호	과명	국명	학명	분포지	특산	희귀
39	꿀풀과	섬쥐깨풀	*Mosla japonica* var. *thymolifera* (Makino) Kitam.	완도		DD
40	꿀풀과	자란초	*Ajuga spectabilis* Nakai	영암, 장성, 광양	○	
41	꿩고사리과	꿩고사리	*Plagiogyria euphlebia* (Kunze) Mett.	광양		DD
42	끈끈이주걱과	끈끈이귀개	*Drosera peltata* var. *nipponica* (Masam.) Ohwi	진도, 완도, 영암		EN
43	끈끈이주걱과	끈끈이주걱	*Drosera rotundifolia* L.	완도, 신안, 영광 등		VU
44	난초과	갈매기난초	*Platanthera japonica* (Thunb.) Lindl.	구례, 영광, 해남		EN
45	난초과	광릉요강꽃	*Cypripedium japonicum* Thunb.	광양		CR
46	난초과	금새우난초	*Calanthe discolor* for. *sieboldii* (Decne.) Ohwi	완도, 신안		CR
47	난초과	나도제비란	*Orchis cyclochila* (Franch. & Sav.) Maxim.	구례		VU
48	난초과	나도풍란	*Aerides japonicum* Rchb.f.	신안		CR
49	난초과	대흥란	*Cymbidium macrorrhizum* Lindl.	완도, 해남, 영광 등		EN
50	난초과	무엽란	*Lecanorchis japonica* Blume	신안, 완도		EN
51	난초과	백운란	*Vexillabium yakushimensis* (Yamam.) F. Maek.	광양, 장성		CR
52	난초과	복주머니란	*Cypripedium macranthon* Sw.	구례		CR
53	난초과	비비추난초	*Tipularia japonica* Matsum.	해남		EN
54	난초과	방울새란	*Pogonia minor* (Makino) Makino	완도, 신안		VU
55	난초과	사철란	*Goodyera schlechtendaliana* Rchb.f.	완도, 신안		LC
56	난초과	새우난초	*Calanthe discolor* Lindl.	완도, 영암, 신안 등		VU
57	난초과	석곡	*Dendrobium moniliforme* (L.) Sw.	완도, 목포, 고흥		CR
58	난초과	씨눈난초	*Herminium lanceum* var. *longicrure* (C.Wright) Hara	구례		EN
59	난초과	애기사철란	*Goodyera repens* (L.) R.Br.	전역		CR

번호	과명	국명	학명	분포지	특산	희귀
60	난초과	애기천마	*Hetaeria sikokiana* (Makino & F.Maek.) Tuyama	장성		CR
61	난초과	약난초	*Cremastra variabilis* (Blume) Nakai ex Shibata	장성, 완도, 해남 등		VU
62	난초과	여름새우난초	*Calanthe reflexa* Maxim.	신안		EN
63	난초과	으름난초	*Galeola septentrionalis* Rchb.f.	신안, 보성, 광주광역시		CR
64	난초과	자란	*Bletilla striata* (Thunb.) Rchb.f.	완도, 해남, 신안 등		VU
65	난초과	지네발란	*Sarcanthus scolopendrifolius* Makino	완도, 나주, 목포 등		CR
66	난초과	천마	*Gastrodia elata* Blume	영암, 고흥		VU
67	난초과	큰방울새란	*Pogonia japonica* Rchb.f.	완도		VU
68	난초과	콩짜개란	*Bulbophyllum drymoglossum* Maxim. ex Okubo	신안		CR
69	난초과	풍란	*Neofinetia falcata* (Thunb.) Hu	신안, 여수, 완도 등		CR
70	난초과	한란	*Cymbidium kanran* Makino	신안		CR
71	난초과	혹난초	*Bulbophyllum inconspicuum* Maxim.	신안, 완도, 진도		EN
72	난초과	흑난초	*Liparis nervosa* (Thunb.) Lindl.	신안, 완도, 진도		CR
73	난초과	해오라비난초	*Habenaria radiata* (Thunb.) Spreng.	함평		CR
74	노루발과	나도수정초	*Monotropastrum humile* (D.Don) Hara	영광		VU
75	노루발과	수정난풀	*Monotropa uniflora* L.	곡성, 완도, 영광		LC
76	노박덩굴과	섬회나무	*Euonymus chibai* Makino	여수		DD
77	녹나무과	녹나무	*Cinnamomum camphora* (L.) J.Presl	완도		LC
78	녹나무과	털조장나무	*Lindera sericea* (Siebold & Zucc.) Blume	화순, 순천, 곡성, 광주광역시		LC
79	느릅나무과	검팽나무	*Celtis choseniana* Nakai	여수		LC
80	다래나무과	섬다래	*Actinidia rufa* (Siebold & Zucc.) Planch. ex Miq.	여수, 진도		CR
81	닭의장풀과	나도생강	*Pollia japonica* Thunb.	완도, 여수, 진도		VU

번호	과명	국명	학명	분포지	특산	희귀
82	대극과	목포대극	*Euphobia subulatifolius* Hurus	목포	○	
83	대극과	조도만두나무	*Glochidion chodoense* J.S.Lee & H.T.Im	진도		CR
84	돌나물과	낙지다리	*Penthorum chinense* Pursh	고흥, 곡성, 보성		LL
85	돌나물과	섬꿩의비름	*Hylotelephium viridescens* (Nakai) H.Ohba	전역	○	
86	두릅나무과	지리산오갈피	*Eleuthrococcus divaricatus* var. *chiisanensis* (Nakai) C.H.Kim & B.Y.Sun	전역	○	DD
87	마디풀과	개대황	*Rumex longifolius* DC.	전역		DD
88	마디풀과	이삭마디풀	*Polygonum polyneuron* Franch. & Sav.	구례		DD
89	마디풀과	큰옥매듭풀	*Polygonum bellardii* Alloni	전역		DD
90	마전과	벼룩아재비	*Mitrasacme alsinoides* var. *indica* (Wight) Hara	전역		DD
91	마타리과	금마타리	*Patrinia saniculifolia* Hemsl.	구례		LC
92	매자나무과	깽깽이풀	*Jeffersonia dubia* (Maxim.) Benth. & Hook.f. ex Baker & S.Moore	여수, 구례		EN
93	면마과	느리미고사리	*Dryopteris tokyoensis* (Matsum. ex Makino) C.Chr	화순		VU
94	면마과	주름고사리	*Diplazium wichurae* (Mett.) Diels	여수		DD
95	면마과	톱지네고사리	*Dryopteris cycadina* (Franch. & Sav.) C.Chr	광주광역시		EN
96	목련과	초령목	*Michelia compressa* (Maxim.) Sarg.	신안		CR
97	무환자나무과	모감주나무	*Koelreuteria paniculata* Laxmann	여수, 완도		VU
98	물레나물과	채고추나물	*Hypericum attenuatum* Choisy	전역		DD
99	물레나물과	큰고추나물	*Hypericum attenuatum* var. *confertissium* (Nakai) T.B.Lee	구례		DD
100	물푸레나무과	꽃개회나무	*Syringa wolfii* C.K.Schneid.	구례		LC

번호	과명	국명	학명	분포지	특산	희귀
101	물푸레나무과	이팝나무	*Chionanthus retusus* Lindl. & Paxton	신안, 고흥, 완도 등		LC
102	물푸레나무과	물들메나무	*Fraxinus chiisanensis* Nakai	구례	○	
103	물푸레나무과	박달목서	*Osmanthus insularis* Koidz.	여수, 신안		EN
104	물푸레나무과	정향나무	*Syringa patula* var. *kamibayshii* (Nakai) K.Kim	구례		LC
105	미나리아재비과	긴잎꿩의다리	*Thalictrum simplex* var. *brevipes* Hara	전역		EN
106	미나리아재비과	꽃꿩의다리	*Thalictrum petaloideum* L.	여수		CR
107	미나리아재비과	남바람꽃	*Anemone flaccida* F.Schmidt	구례		CR
108	미나리아재비과	너도바람꽃	*Eranthis stellata* Maxim.	순천		LC
109	미나리아재비과	변산바람꽃	*Eranthis byunsanensis* B.Y.Sun	영광, 고흥, 함평 등	○	LC
110	미나리아재비과	매화마름	*Ranunculus kazusensis* Makino	전역		VU
111	미나리아재비과	만주바람꽃	*Isopyrum manshuricum* (Kom.) Kom.	순천, 영광		EN
112	미나리아재비과	새끼노루귀	*Hepatica insularis* Nakai	완도	○	
113	미나리아재비과	세뿔투구꽃	*Aconitum austro-koreense* Koidz.	순천, 구례, 광양	○	VU
114	미나리아재비과	숙은촛대승마	*Cimicifuga austrokoreana* H.W.Lee & C.W.Park	구례	○	
115	미나리아재비과	외대으아리	*Clematis brachyura* Maxim	전역	○	
116	미나리아재비과	이삭바꽃	*Aconitum kusnezoffii* Rchb.	전역		DD
117	미나리아재비과	지리바꽃	*Aconitum chiisanense* Nakai	구례		DD
118	미나리아재비과	진범	*Aconitum pseudolaeve* Nakai	구례, 고흥, 광양 등	○	
119	미나리아재비과	자주꿩의다리	*Thalictrum uchiyamai* Nakai	전역	○	
120	미나리아재비과	좀사위질빵	*Clematis brevicaudata* DC.	구례, 순천, 완도		DD
121	미나리아재비과	한라돌쩌귀	*Aconitum japonicum* subsp. *napiforme* (H.Lév. & Vaniot) Kadota	완도		LC
122	박과	새박	*Melothria japonica* Maxim.	전역		LC
123	박주가리과	나도은조롱	*Marsdenia tomentosa* Morren & Decne.	신안, 여수		EN

번호	과명	국명	학명	분포지	특산	희귀
124	박주가리과	덩굴민백미꽃	Cynanchum japonicum Morr. & Decne.	진도		EN
125	박주가리과	선백미꽃	Cynanchum inamoenum (Maxim.) Loes.	전역		VU
126	박쥐나무과	단풍박쥐나무	Alangium platanifolium (Siebold & Zucc.) Harms	여수, 해남		DD
127	백합과	나도옥잠화	Clintonia udensis Trautv. & C.A.Mey.	전역		VU
128	백합과	난장이처녀치마	Heloniopsis koreana Fuse, N.S.Lee & M.N.Tamura	구례	○	
129	백합과	날개하늘나리	Lilium dauricum Ker-Gawl.	구례		CR
130	백합과	다도해비비추	Hosta jonesii M.G.Chung	고흥, 여수, 완도 등	○	
131	백합과	땅나리	Lilium callosum Siebold & Zucc.	진도, 고흥		VU
132	백합과	뻐국나리	Tricyrtis macropoda Miq.	전역		LC
133	백합과	말나리	Lilium distichum Nakai ex Kamibay	구례		LC
134	백합과	산파	Allium maximowiczii Regel	광양, 영광		DD
135	백합과	좀비비추	Hosta minor (Baker) Nakai	완도	○	
136	백합과	한라비비추	Hosta venusta F.Maek	고흥, 대흑산도	○	
137	백합과	흑산도비비추	Hosta yingeri S.B.Jones	신안	○	EN
138	백합과	층층둥굴레	Polygonatum stenophyllum Maxim.	구례		EN
139	버드나무과	능수버들	Salix pseudolasiogyme H.Lév	전역	○	
140	버드나무과	제주산버들	Salix blinii H.Lév.	해남	○	CR
141	버드나무과	키버들	Salix koriyanagi Kimura ex Goerz	영광, 곡성, 광양	○	
142	벌레잡이풀과	벌레먹이말	Aldrovanda vesiculosa L.	전역		EW
143	범의귀과	고광나무	Philadelphus schrenckii Rupr	전역	○	
144	범의귀과	나도승마	Kirengeshoma koreana Nakai	광양	○	CR
145	범의귀과	섬고광나무	Philadelphus scaber Nakai	진도, 장성, 광주광역시 등	○	
146	범의귀과	흰괭이눈	Chrysosplenium barbatum Nakai	장성	○	
147	벼과	갯겨이삭	Puccinellia coreensis Honda	목포	○	

번호	과명	국명	학명	분포지	특산	희귀
148	벼과	모새달	Phacelurus latifolius (Steud.) Ohwi	전역		LC
149	벼과	문수조릿대	Arundinaria munsuensis Y.N.Lee	구례	○	
150	벼과	물잔디	Pseudoraphis ukishiba Ohwi	고흥, 무안, 광양		VU
151	봉선화과	거제물봉선	Impatiens kojeensis Y.N.Lee	고흥, 해남, 신안	○	CR
152	붓꽃과	금붓꽃	Iris minutoaurea Makino	장성		VU
153	붓꽃과	꽃창포	Iris ensata var. spontanea (Makino) Nakai	진도		LC
154	붓꽃과	넓은잎각시붓꽃	Iris rossii var. latifolia J.K.Sim & Y.S.Kim	장성	○	
155	붓꽃과	노랑붓꽃	Iris koreana Nakai	장성	○	CR
156	붓꽃과	제비붓꽃	Iris laevigata Fisch.	구례		DD
157	붓꽃과	범부채	Belamcanda chinensis (L.) DC.	전역		VU
158	붓순나무과	붓순나무	Illicium anisatum L.	진도		VU
159	소나무과	구상나무	Abies koreana E.H.Wilson	구례	○	LC
160	소나무과	가문비나무	Picea jezoensis (Siebold & Zucc.) Carriére	구례		VU
161	사초과	그늘실사초	Carex tenuiformis var. neofilipes (Nakai) Ohwi ex Hatusima	구례, 광주광역시	○	
162	사초과	한라사초	Carex erythrobasis H.Lév. & Vaniot	전역	○	
163	사초과	지리실청사초	Carex sabynensis var. leiosperma Ohwi	구례	○	
164	사초과	지리대사초	Carex okamotoi Ohwi	구례, 광양, 화순	○	
165	사초과	갈사초	Carex ligulata Nees	화순		DD
166	사초과	대구사초	Carex paxii Kük.	구례		DD
167	사초과	무등풀	Scleria mutoensis Nakai	무등산	○	EW
168	사초과	백두사초	Carex peiktusani Kom.	구례		DD
169	사초과	붉은골풀아재비	Rhynchospora rubra (Lour.) Makino	진도		DD
170	사초과	염주사초	Carex ischnostachya Steud.	장흥		DD
171	사초과	좀도깨비사초	Carex idzuroei Franch. & Sav.	영광, 광주광역시		DD

번호	과명	국명	학명	분포지	특산	희귀
172	산형과	갯방풍	Glehnia littoralis F.Schmidt ex Miq.	전역		LC
173	산형과	백운기름나물	Peucedanum hakuunense Nakai	광양, 순천, 진도, 고흥		EN
174	산형과	섬바디	Dystaenia takesimana (Nakai) Kitag	광양	○	
175	산형과	시호	Bupleurum falcatum L.	전역, 해남		VU
176	새깃아재비과	새깃아재비	Woodwardia japonica (L.f.) Sm.	장흥		CR
177	석송과	왕다람쥐꼬리	Lycopodium cryptomerinum Maxim.	구례, 신안, 완도		EN
178	솔잎란과	솔잎란	Psilotum nudum (L.) P.Beauv.	화순		EN
179	수선화과	백양꽃	Lycoris sanguinea var. koreana (Nakai) T.Koyama	장성, 곡성, 구례 등		EN
180	수선화과	붉노랑상사화	Lycorsis flavenscens M.Y.Kim & S.T.Lee	장성, 영광, 고흥	○	
181	수선화과	진노랑상사화	Lycoris chinensis var. sinuolata K.H.Tae & S.C.Ko	영광, 장성	○	EN
182	수련과	가시연꽃	Euryale ferox Salisb.	나주, 영암, 장흥 등		VU
183	수련과	개연꽃	Nuphar japonicum DC.	무안 등		LC
184	쐐기풀과	섬쐐기풀	Urtica laetevirens var. robusta F.Maek	여수	○	
185	쐐기풀과	제주모시풀	Boehmeria quelpaertense Satake	신안	○	
186	아욱과	황근	Hibiscus hamabo Siebold & Zucc.	완도		VU
187	앵초과	물까치수염	Lysimachia leucantha Miq.	신안, 해남		EN
188	앵초과	이삭봄맞이	Stimpsonia chamaedrioides C.Wright ex A.Gray	전역		DD
189	앵초과	진퍼리까치수염	Lysimachia fortunei Maxim.	신안, 담양		EN
190	앵초과	홍도까치수염	Lysimachia pentapetala Bunge	신안, 나주, 담양		VU
191	양귀비과	매미꽃	Coreanomecon hylomeconoides Nakai	순천, 광양, 구례 등	○	LC
192	열당과	야고	Aeginetia indica L.	완도, 여수		VU

번호	과명	국명	학명	분포지	특산	희귀
193	열당과	백양더부살이	*Orobanche filicicola* Nakai	장성		CR
194	열당과	초종용	*Orobanche coerulescens* Stephan	완도		VU
195	용담과	개쓴풀	*Orobanche filicicola* Nakai	해남, 강진		VU
196	옻나무과	덩굴옻나무	*Rhus ambigua* H.Lév.	여수		CR
197	우드풀과	개톱날고사리	*Athyrium sheareri* (Bak.) Ching	신안		VU
198	우드풀과	진퍼리개고사리	*Deparia okuboana* (Makino) M.Kato	전역		VU
199	인동과	병꽃나무	*Weigela subsessilis* (Nakai) L.H.Bailey	전역	○	
200	자라풀과	물질경이	*Ottelia alismoides* (L.) Pers.	전역		LC
201	자라풀과	자라풀	*Hydrocharis dubia* (Blume) Backer	나주, 무안		LC
202	자금우과	백량금	*Ardisia crenata* Sims	완도, 신안		VU
203	자작나무과	긴서어나무	*Carpinus laxiflora* var. *longispica* Uyeki	구례, 순천	○	
204	작약과	백작약	*Paeonia japonica* (Makino) Miyabe & Takeda	장성, 나주, 고흥 등		VU
205	작약과	산작약	*Paeonia obovata* Maxim.	구례		CR
206	장미과	가시복분자딸기	*Rubus schizostylus* H.Lév	여수(거문도)	○	
207	장미과	거제딸기	*Rubus longisepalus* var. *tozawai* (Nakai) T.B.Lee	여수, 진도	○	DD
208	장미과	거지딸기	*Rubus sorbifolius* Maxim.	완도		VU
209	장미과	둥근잎조팝나무	*Spiraea betulifolia* Pall.	광양		DD
210	장미과	왕벚나무	*Prunus yedoensis* Matsum.	해남		CR
211	장미과	떡윤노리나무	*Pourthiaea villosa* var. *brunnea* Nakai	강진, 광양	○	
212	장미과	떡조팝나무	*Spiraea chartacea* Nakai	고흥, 신안	○	DD
213	장미과	솜양지꽃	*Potentilla discolor* Bunge	전역		LC
214	장미과	지리터리풀	*Filipendula formosa* Nakai	구례, 광양	○	
215	장미과	참양지꽃	*Potentilla dickinsii* var. *breviseta* Nakai	전역	○	
216	장미과	흑산가시나무	*Rosa kokusanensis* Nakai	신안	○	
217	제비꽃과	갑산제비꽃	*Viola kapsanensis* Nakai	함평	○	DD
218	제비꽃과	태백제비꽃	*Viola albida* Palib.	전역		LC
219	제비꽃과	화엄제비꽃	*Viola ibukiana* Makino	구례, 장흥		CR

번호	과명	국명	학명	분포지	특산	희귀
220	조록나무과	히어리	*Corylopsis gotoana* var. *coreana* (Uyeki) T.Yamaz.	곡성, 구례, 순천 등		LC
221	쥐방울덩굴과	각시족도리풀	*Asarum glabrata* (C.S.Yook & J.G.Kim) B.U.Oh	완도, 고흥	○	
222	쥐방울덩굴과	개족도리풀	*Asarum maculatum* Nakai	완도, 고흥, 신안 등	○	LC
223	쥐방울덩굴과	쥐방울덩굴	*Aristolochia contorta* Bunge	나주, 신안		LC
224	지치과	개지치	*Lithospermum arvense* L.	전역		LC
225	지치과	섬꽃마리	*Cynoglossum zeylanicum* (Vahl ex Hornem.) Thunb. ex Lehm.	진도		EN
226	지치과	자반풀	*Omphalodes krameri* Franch. & Sav.	구례		DD
227	지치과	지치	*Lithospermum erythrorhizon* Siebold & Zucc.	전역		LC
228	진달래과	흰참꽃나무	*Rhododendron tschonoskii* Maxim.	광양		EN
229	차나무과	노각나무	*Stewartia koreana* Nakai ex Rehder	전역	○	
230	참깨과	수염마름	*Trapella sinensis* var. *antenifera* (H.Lév.) H.Hara	장성		EN
231	참나무과	개가시나무	*Quercus gilva* Blume	고흥		EN
232	천남성과	두루미천남성	*Arisaema heterophyllum* Blume	여수, 고흥, 완도		LC
233	천남성과	섬천남성	*Arisaema negishii* Makino	여수		DD
234	천남성과	창포	*Acorus calamus* L.	나주, 화순		LC
235	초롱꽃과	자주꽃방망이	*Campanula glomerata* var. *dahurica* Fisch. ex Ker-Gawl.	전역		VU
236	측백나무과	해변노간주	*Juniperus rigida* var. *conferta* (Parl.) Patschke	신안		DD
237	콩과	나래완두	*Vicia hirticalycina* Nakai	완도, 장성, 광주광역시 등	○	
238	콩과	늦싸리	*Lespedeza maximowiczii* var. *elongata* Nakai	구례		DD
239	콩과	애기등	*Millettia japonica* (Siebold & Zucc.) A.Gray	해남, 진도, 신안 등		VU
240	콩과	왕자귀나무	*Albizia kalkora* (Roxb.) Prain	진도, 신안, 목포 등		EN

번호	과명	국명	학명	분포지	특산	희귀
241	콩과	좀땅비싸리	*Indigofera koreana* Ohwi	전역	○	
242	콩과	해변싸리	*Lespedeza maritima* Nakai	진도, 완도	○	
243	택사과	벗풀	*Sagittaria sagittifolia* subsp. *leucopetala* (Mig.) Hartog	전역		DD
244	통발과	들통발	*Utricularia pilosa* Makino	신안		CR
245	통발과	땅귀개	*Utricularia bifida* L.	전역		VU
246	통발과	이삭귀개	*Utricularia racemosa* Wall.	전역		LC
247	통발과	자주땅귀개	*Utricularia yakusimensis* Masam.	전역		CR
248	통발과	통발	*Utricularia vulgaris* var. *japonica* (Makino) Tamura	전역(완도, 광주광역시 등)		VU
249	팥꽃나무과	거문도닥나무	*Wikstroemia ganpi* (Siebold & Zucc.) Maxim.	고흥, 여수		CR
250	팥꽃나무과	산닥나무	*Wikstroemia trichotoma* (Thunb.) Makino	진도, 영암		VU
251	팥꽃나무과	백서향	*Daphne kiusiana* Miq.	신안		EN
252	현삼과	등에풀	*Dopatrium junceum* (Roxb.) Ham. ex Benth.	전역		VU
253	현삼과	오동나무	*Paulownia coreana* Uyeki	전역	○	
254	현삼과	성주풀	*Centranthera cochinchinensis* var. *lutea* (Hara) Hara	진도		VU
255	현삼과	애기물꽈리아재비	*Mimulus tenellus* Bunge	장성		VU
256	현삼과	토현삼	*Scrophularia koraiensis* Nakai	전역		DD
257	협죽도과	정향풀	*Amsonia elliptica* (Thunb.) Roem. & Schult.	완도		CR
258	홀아비꽃대과	꽃대	*Chloranthus serratus* (Thunb.) Roem. & Schult.	담양, 장흥, 진도		DD
259	홀아비꽃대과	옥녀꽃대	*Chloranthus fortunei* (A.Gray) Solms	고흥, 곡성, 완도 등		DD
260	흑삼릉과	흑삼릉	*Sparganium erectum* L.	나주, 화순, 무안 등		VU
261	현호색과	점현호색	*Corydalis maculata* B.U.Oh & Y.S.Kim	완도, 고흥	○	

※ 희귀 약호 : EW(야생멸종), CR(멸종위기), EN(위기종),
　　　　　　 VU(취약종), LC(약관심종), DD(자료부족종)

국명으로 찾아보기

ㄱ

가문비나무 23
가시연꽃 56
개가시나무 25
개연꽃 54
개족도리풀 61
거문도닥나무 112
거제물봉선 99
거지딸기 81
검팽나무 27
고란초 16
광릉골무꽃 142
광릉요강꽃 200
구상나무 20
금붓꽃 186
금새우난초 218
깽깽이풀 52
꽃개회나무 138
꽃창포 188
끈끈이귀개 66
끈끈이주걱 69

ㄴ

나도고사리삼 10
나도생강 192
나도승마 79
나도풍란 236
낙지다리 77
날개하늘나리 173
남바람꽃 43
너도바람꽃 48

노랑붓꽃 184
녹나무 35

ㄷ

대흥란 230
덩굴옻나무 94
두루미천남성 194
땅귀개 150
땅나리 170

ㅁ

만주바람꽃 50
매미꽃 72
모감주나무 96
물고사리 12
물질경이 163

ㅂ

박달목서 136
백량금 129
백서향 109
백양꽃 182
백양더부살이 148
백운기름나물 122
백작약 63
버들금불초 156
범부채 190
벗풀 161
변산바람꽃 45
복주머니란 203
붓순나무 32
뻐꾹나리 177

ㅅ
사철란 212
산닥나무 114
새박 118
새우난초 216
석곡 223
섬회나무 105
세뿔석위 14
세뿔투구꽃 40
솜양지꽃 84
수정난풀 124

ㅇ
애기등 89
야고 146
약난초 221
옥녀꽃대 59
왕자귀나무 86
으름난초 205
이삭귀개 152

ㅈ
자라풀 165
자란 214
정향풀 140
조도만두나무 91
지네발란 232
지리산오갈피 120
진노랑상사화 180

ㅊ
창일엽 18
창포 196
천마 209
초령목 30
층층둥굴레 175

ㅋ
콩짜개란 226
큰방울새란 207

ㅌ
태백제비꽃 116
털조장나무 37
토현삼 144
통발 154

ㅍ
풍란 234

ㅎ
호랑가시나무 102
흑난초 228
홍도까치수염 132
홍도서덜취 158
황근 107
흑산도비비추 167
흑삼릉 198
흰참꽃나무 126
히어리 74

학명으로 찾아보기

A

Abies koreana 20
Aconitum austrokoreense 40
Acorus calamus 196
Aeginetia indica 146
Aerides japonicum 236
Albizia kalkora 86
Amsonia elliptica 140
Anemone flaccida 43
Ardisia crenata 129
Arisaema heterophyllum 194
Asarum maculatum 61

B

Belamcanda chinensis 190
Bletilla striata 214
Bulbophyllum drymoglossum 226
Bulbophyllum inconspicuum 228

C

Calanthe discolor 216, 218
Celatopteris thalictroides 12
Celtis choseniana 27
Chionanthus retusus 134
Chloranthus fortunei 59
Cinnamomum camphora 35
Coreanomecon hylomeconoides 72
Corylopsis gotoana var. *coreana* 74
Cremastra variabilis 221
Crypsinus hastatus 16
Cymbidium macrorrhizum 230
Cypripedium macranthon 203

D

Daphne kiusiana 109
Dendrobium moniliforme 223
Drosera peltata var. *nipponica* 66
Drosera rotundifolia 69

E

Eleutherococcus divaricatus var. *chiisanensis* 120
Eranthis byunsanensis 45
Eranthis stellata 48
Euonymus chibai 105
Euryale ferox 56

G

Galeola septentrionalis 205
Gastrodia elata 209
Glochidion chodoense 91
Goodyera schlechtendaliana 212

H

Hibiscus hamabo 107
Hosta yingeri 167
Hydrocharis dubia 165

I

Ilex cornuta 102
Illicium anisatum 32
Impatiens kojeensis 99
Inula salicina var. *asiatica* 156
Iris ensata var. *spontanea* 188
Iris koreana 184
Iris minutoaurea 186
Isopyrum manshuricum 50

J

Jeffersonia dubia 52

K

Kirengeshoma koreana 79
Koelreuteria paniculata 96

L

Lilium callosum 170
Lilium dauricum 173
Lindera sericea 37
Lycoris chinensis var. *sinuolata* 180
Lycoris sanguinea var. *koreana* 182
Lysimachia pentapetala 132

M

Melothria japonica 118
Michelia compressa 30
Microsorum superficiale 18
Millettia japonica 89
Monotropa uniflora 124

N

Neofinetia falcata 234
Nuphar japonicum 54

O

Ophioglossum vulgatum 10
Orobanche filicicola 148
Osmanthus insularis 136
Ottelia alismoides 163

P

Paeonia japonica 63
Penthorum chinense 77
Peucedanum hakuunense 122
Picea jezoensis 23
Platanthera japonica 200

Pogonia japonica 207
Pollia japonica 192
Polygonatum stenophyllum 175
Potentilla discolor 84
Pyrrosia hastata 14

Q

Quercus gilva 25

R

Rhododendron tschonoskii 126
Rhus ambigua 94
Rubus sorbifolius 81

S

Sagittaria sagittifolia subsp. *leucopetala* 161
Sarcanthus scolopendrifolius 232
Saussurea polylepis 158
Scrophularia koraiensis 144
Scutellaria insignis 142
Sparganium erectum 198
Syringa wolfii 138

T

Tricyrtis macropoda 177

U

Utricularia bifida 150
Utricularia racemosa 152
Utricularia vulgaris var. *japonica* 154

V

Viola albida 116

W

Wikstroemia ganpi 112
Wikstroemia trichotoma 114

[참고문헌]

- 국가생물종지식정보시스템(2014). 산림청 국립수목원
- 국가표준식물목록(2014). 산림청 국립수목원
- 남도의 멸종위기 야생생물(2014). 영산강유역환경청. ㈜나무와 달
- 대한식물도감(1982). 이창복. 향문사
- 백운산 자생식물(2014). 광양시. 다채
- 숲을 말한다 나무이야기(2015). 오찬진·오장근·권영휴. 푸른행복
- 새로운 한국수목대백과도감–上·下(2010). 이정석·이계한·오찬진. 학술정보센터
- 원색 대한식물도감(2003). 이창복. 향문사
- 한국의 나무(2012). 김진석·김태영. 돌베개
- 한국의 희귀식물(2012). 산림청 국립수목원. 종합기획 숨은길
- 한국의 희귀식물 목록집(2008). 산림청 국립수목원. 종합기획 숨은길
- 한국식물검색집(1997). 이상태. 아카데미서적
- 한국식물도감–상·하권(1956). 정태현. 신지사
- 한국 야생난 한살이백과(2014). 정연옥·이철희·양태철·마용주. 푸른행복
- 한국양치식물도감(2006). 한국양치식물연구회. 지오북
- 한반도 특산 관속식물(2005). 산림청 국립수목원. 대신기획 인쇄
- 희귀·특산식물(2014). 국립수목원. 종합기획 숨은길